The Ultimate Times Tables Practice Book

Use this book to perfect your maths mastery by timing yourself on these timed challenges! Solutions follow test sheets

This Book Belongs To:

_____

The Ultimate Times Tables Practice Book

Multiplication Grid 1-12

1	2	3	4	5	6	7	8	9	10	11	12
2	4	6	8	10	12	14	16	18	20	22	24
3	6	9	12	15	18	21	24	27	30	33	36
4	8	12	16	20	24	28	32	36	40	44	48
5	10	15	20	25	30	35	40	45	50	55	60
6	12	18	24	30	36	42	48	54	60	66	72
7	14	21	28	35	42	49	56	63	70	77	84
8	16	24	32	40	48	56	64	72	80	88	96
9	18	27	36	45	54	63	72	81	90	99	108
10	20	30	40	50	60	70	80	90	100	110	120
11	22	33	44	55	66	77	88	99	110	121	132
12	24	36	48	60	72	84	96	108	120	132	144

ANY NUMBER x 0 = 0!

Multiplying 2's Test 1

Name: _____ Score: ___ /48 Time: _____

2 x 11 = ___	2 x 5 = ___	2 x 0 = ___
2 x 6 = ___	2 x 0 = ___	2 x 7 = ___
2 x 9 = ___	2 x 2 = ___	2 x 3 = ___
2 x 2 = ___	2 x 8 = ___	2 x 11 = ___
2 x 10 = ___	2 x 4 = ___	2 x 4 = ___
2 x 3 = ___	2 x 11 = ___	2 x 10 = ___
2 x 7 = ___	2 x 7 = ___	2 x 6 = ___
2 x 5 = ___	2 x 3 = ___	2 x 9 = ___
2 x 8 = ___	2 x 6 = ___	2 x 2 = ___
2 x 1 = ___	2 x 10 = ___	2 x 1 = ___
2 x 10 = ___	2 x 5 = ___	2 x 5 = ___
2 x 12 = ___	2 x 12 = ___	2 x 7 = ___
2 x 4 = ___	2 x 9 = ___	2 x 12 = ___
2 x 6 = ___	2 x 2 = ___	2 x 8 = ___
2 x 1 = ___	2 x 1 = ___	2 x 3 = ___
2 x 9 = ___	2 x 8 = ___	2 x 4 = ___

Multiplying 2's Test 1

Solutions!

2 x 11 = 22	2 x 5 = 10	2 x 0 = 0
2 x 6 = 12	2 x 0 = 0	2 x 7 = 14
2 x 9 = 18	2 x 2 = 4	2 x 3 = 6
2 x 2 = 4	2 x 8 = 16	2 x 11 = 22
2 x 10 = 20	2 x 4 = 8	2 x 4 = 8
2 x 3 = 6	2 x 11 = 22	2 x 10 = 20
2 x 7 = 14	2 x 7 = 14	2 x 6 = 12
2 x 5 = 10	2 x 3 = 6	2 x 9 = 18
2 x 8 = 16	2 x 6 = 12	2 x 2 = 4
2 x 1 = 2	2 x 10 = 20	2 x 1 = 2
2 x 10 = 20	2 x 5 = 10	2 x 5 = 10
2 x 12 = 24	2 x 12 = 24	2 x 7 = 14
2 x 4 = 8	2 x 9 = 18	2 x 12 = 24
2 x 6 = 12	2 x 2 = 4	2 x 8 = 16
2 x 1 = 2	2 x 1 = 2	2 x 3 = 6
2 x 9 = 18	2 x 8 = 16	2 x 4 = 8

Multiplying 2's Test 2

Name: _____ Score: _____ /48 Time: _____

2 x 4 = _____   2 x 10 = _____   2 x 1 = _____

2 x 11 = _____   2 x 6 = _____   2 x 8 = _____

2 x 0 = _____   2 x 0 = _____   2 x 4 = _____

2 x 8 = _____   2 x 12 = _____   2 x 7 = _____

2 x 10 = _____   2 x 7 = _____   2 x 0 = _____

2 x 6 = _____   2 x 5 = _____   2 x 3 = _____

2 x 2 = _____   2 x 8 = _____   2 x 6 = _____

2 x 12 = _____   2 x 1 = _____   2 x 9 = _____

2 x 9 = _____   2 x 3 = _____   2 x 2 = _____

2 x 3 = _____   2 x 10 = _____   2 x 10 = _____

2 x 7 = _____   2 x 6 = _____   2 x 5 = _____

2 x 1 = _____   2 x 9 = _____   2 x 11 = _____

2 x 11 = _____   2 x 2 = _____   2 x 1 = _____

2 x 4 = _____   2 x 11 = _____   2 x 8 = _____

2 x 9 = _____   2 x 5 = _____   2 x 12 = _____

2 x 3 = _____   2 x 12 = _____   2 x 4 = _____

Multiplying 2's Test 2

Solutions!

2 x 4 = 8   2 x 10 = 20   2 x 1 = 2
2 x 11 = 22   2 x 6 = 12   2 x 8 = 16
2 x 0 = 0   2 x 0 = 0   2 x 4 = 8
2 x 8 = 16   2 x 12 = 24   2 x 7 = 14
2 x 10 = 20   2 x 7 = 14   2 x 0 = 0
2 x 6 = 12   2 x 5 = 10   2 x 3 = 6
2 x 2 = 4   2 x 8 = 16   2 x 6 = 12
2 x 12 = 24   2 x 1 = 2   2 x 9 = 18
2 x 9 = 18   2 x 3 = 6   2 x 2 = 4
2 x 3 = 6   2 x 10 = 20   2 x 10 = 20
2 x 7 = 14   2 x 6 = 12   2 x 5 = 10
2 x 1 = 2   2 x 9 = 18   2 x 11 = 22
2 x 11 = 22   2 x 2 = 4   2 x 1 = 2
2 x 4 = 8   2 x 11 = 22   2 x 8 = 16
2 x 9 = 18   2 x 5 = 10   2 x 12 = 24
2 x 3 = 6   2 x 12 = 24   2 x 4 = 8

Multiplying 2's Test 3

Name: _____   Score: ___ /48   Time: _____

2 x 10 = ___	2 x 2 = ___	2 x 11 = ___
2 x 2 = ___	2 x 5 = ___	2 x 3 = ___
2 x 9 = ___	2 x 12 = ___	2 x 2 = ___
2 x 0 = ___	2 x 0 = ___	2 x 10 = ___
2 x 7 = ___	2 x 7 = ___	2 x 12 = ___
2 x 8 = ___	2 x 3 = ___	2 x 6 = ___
2 x 1 = ___	2 x 4 = ___	2 x 8 = ___
2 x 11 = ___	2 x 10 = ___	2 x 0 = ___
2 x 6 = ___	2 x 12 = ___	2 x 9 = ___
2 x 3 = ___	2 x 9 = ___	2 x 5 = ___
2 x 5 = ___	2 x 6 = ___	2 x 1 = ___
2 x 4 = ___	2 x 8 = ___	2 x 4 = ___
2 x 6 = ___	2 x 1 = ___	2 x 11 = ___
2 x 1 = ___	2 x 5 = ___	2 x 7 = ___
2 x 11 = ___	2 x 7 = ___	2 x 3 = ___
2 x 9 = ___	2 x 4 = ___	2 x 12 = ___

Multiplying 2's Test 3

Solutions!

2 x 10 = 20	2 x 2 = 4	2 x 11 = 22
2 x 2 = 4	2 x 5 = 10	2 x 3 = 6
2 x 9 = 18	2 x 12 = 24	2 x 2 = 4
2 x 0 = 0	2 x 0 = 0	2 x 10 = 20
2 x 7 = 14	2 x 7 = 14	2 x 12 = 24
2 x 8 = 16	2 x 3 = 6	2 x 6 = 12
2 x 1 = 2	2 x 4 = 8	2 x 8 = 16
2 x 11 = 22	2 x 10 = 20	2 x 0 = 0
2 x 6 = 12	2 x 12 = 24	2 x 9 = 18
2 x 3 = 6	2 x 9 = 18	2 x 5 = 10
2 x 5 = 10	2 x 6 = 12	2 x 1 = 2
2 x 4 = 8	2 x 8 = 16	2 x 4 = 8
2 x 6 = 12	2 x 1 = 2	2 x 11 = 22
2 x 1 = 2	2 x 5 = 10	2 x 7 = 14
2 x 11 = 22	2 x 7 = 14	2 x 3 = 6
2 x 9 = 18	2 x 4 = 8	2 x 12 = 24

Multiplying 2's Test 4

Name: _____   Score: _____ /48   Time: _____

2 x 8 = ___   2 x 5 = ___   2 x 12 = ___

2 x 3 = ___   2 x 2 = ___   2 x 6 = ___

2 x 1 = ___   2 x 10 = ___   2 x 8 = ___

2 x 5 = ___   2 x 7 = ___   2 x 11 = ___

2 x 2 = ___   2 x 12 = ___   2 x 5 = ___

2 x 7 = ___   2 x 9 = ___   2 x 3 = ___

2 x 0 = ___   2 x 8 = ___   2 x 4 = ___

2 x 11 = ___   2 x 0 = ___   2 x 0 = ___

2 x 10 = ___   2 x 6 = ___   2 x 1 = ___

2 x 9 = ___   2 x 11 = ___   2 x 2 = ___

2 x 12 = ___   2 x 4 = ___   2 x 10 = ___

2 x 4 = ___   2 x 3 = ___   2 x 9 = ___

2 x 6 = ___   2 x 2 = ___   2 x 12 = ___

2 x 3 = ___   2 x 1 = ___   2 x 6 = ___

2 x 4 = ___   2 x 9 = ___   2 x 7 = ___

2 x 1 = ___   2 x 7 = ___   2 x 8 = ___

Multiplying 2's Test 4

Solutions!

2 x 8 = 16   2 x 5 = 10   2 x 12 = 24

2 x 3 = 6   2 x 2 = 4   2 x 6 = 12

2 x 1 = 2   2 x 10 = 20   2 x 8 = 16

2 x 5 = 10   2 x 7 = 14   2 x 11 = 22

2 x 2 = 4   2 x 12 = 24   2 x 5 = 10

2 x 7 = 14   2 x 9 = 18   2 x 3 = 6

2 x 0 = 0   2 x 8 = 16   2 x 4 = 8

2 x 11 = 22   2 x 0 = 0   2 x 0 = 0

2 x 10 = 20   2 x 6 = 12   2 x 1 = 2

2 x 9 = 18   2 x 11 = 22   2 x 2 = 4

2 x 12 = 24   2 x 4 = 8   2 x 10 = 20

2 x 4 = 8   2 x 3 = 6   2 x 9 = 18

2 x 6 = 12   2 x 2 = 4   2 x 12 = 24

2 x 3 = 6   2 x 1 = 2   2 x 6 = 12

2 x 4 = 8   2 x 9 = 18   2 x 7 = 14

2 x 1 = 2   2 x 7 = 14   2 x 8 = 16

Multiplying 3's Test 1

Name: _____   Score: ___ /48   Time: _____

3 x 7 = ____   3 x 8 = ____   3 x 2 = ____

3 x 1 = ____   3 x 11 = ____   3 x 10 = ____

3 x 5 = ____   3 x 1 = ____   3 x 5 = ____

3 x 8 = ____   3 x 6 = ____   3 x 12 = ____

3 x 2 = ____   3 x 9 = ____   3 x 4 = ____

3 x 11 = ____   3 x 12 = ____   3 x 1 = ____

3 x 3 = ____   3 x 5 = ____   3 x 7 = ____

3 x 9 = ____   3 x 10 = ____   3 x 0 = ____

3 x 0 = ____   3 x 7 = ____   3 x 9 = ____

3 x 6 = ____   3 x 3 = ____   3 x 6 = ____

3 x 12 = ____   3 x 0 = ____   3 x 2 = ____

3 x 10 = ____   3 x 1 = ____   3 x 11 = ____

3 x 7 = ____   3 x 6 = ____   3 x 8 = ____

3 x 2 = ____   3 x 9 = ____   3 x 10 = ____

3 x 0 = ____   3 x 8 = ____   3 x 5 = ____

3 x 4 = ____   3 x 11 = ____   3 x 12 = ____

Multiplying 3's Test 1

Solutions!

3 x 7 = 21	3 x 8 = 24	3 x 2 = 6
3 x 1 = 3	3 x 11 = 33	3 x 10 = 30
3 x 5 = 15	3 x 1 = 3	3 x 5 = 15
3 x 8 = 24	3 x 6 = 18	3 x 12 = 36
3 x 2 = 6	3 x 9 = 27	3 x 4 = 12
3 x 11 = 33	3 x 12 = 36	3 x 1 = 3
3 x 3 = 9	3 x 5 = 15	3 x 7 = 21
3 x 9 = 27	3 x 10 = 30	3 x 0 = 0
3 x 0 = 0	3 x 7 = 21	3 x 9 = 27
3 x 6 = 18	3 x 3 = 9	3 x 6 = 18
3 x 12 = 36	3 x 0 = 0	3 x 2 = 6
3 x 10 = 30	3 x 1 = 3	3 x 11 = 33
3 x 7 = 21	3 x 6 = 18	3 x 8 = 24
3 x 2 = 6	3 x 9 = 27	3 x 10 = 30
3 x 0 = 0	3 x 8 = 24	3 x 5 = 15
3 x 4 = 12	3 x 11 = 33	3 x 12 = 36

Multiplying 3's Test 2

Name: _____ Score: _____ /48 Time: _____

3 x 6 = _____   3 x 3 = _____   3 x 11 = _____

3 x 11 = _____   3 x 10 = _____   3 x 6 = _____

3 x 4 = _____   3 x 6 = _____   3 x 12 = _____

3 x 1 = _____   3 x 8 = _____   3 x 5 = _____

3 x 9 = _____   3 x 1 = _____   3 x 0 = _____

3 x 5 = _____   3 x 12 = _____   3 x 8 = _____

3 x 0 = _____   3 x 0 = _____   3 x 9 = _____

3 x 7 = _____   3 x 5 = _____   3 x 2 = _____

3 x 2 = _____   3 x 8 = _____   3 x 7 = _____

3 x 8 = _____   3 x 4 = _____   3 x 4 = _____

3 x 10 = _____   3 x 9 = _____   3 x 1 = _____

3 x 12 = _____   3 x 7 = _____   3 x 10 = _____

3 x 7 = _____   3 x 3 = _____   3 x 11 = _____

3 x 9 = _____   3 x 10 = _____   3 x 12 = _____

3 x 2 = _____   3 x 2 = _____   3 x 6 = _____

3 x 11 = _____   3 x 1 = _____   3 x 3 = _____

Multiplying 3's Test 2

Solutions!

3 x 6 = 18	3 x 3 = 9	3 x 11 = 33
3 x 11 = 33	3 x 10 = 30	3 x 6 = 18
3 x 4 = 12	3 x 6 = 18	3 x 12 = 36
3 x 1 = 3	3 x 8 = 24	3 x 5 = 15
3 x 9 = 27	3 x 1 = 3	3 x 0 = 0
3 x 5 = 15	3 x 12 = 36	3 x 8 = 24
3 x 0 = 0	3 x 0 = 0	3 x 9 = 27
3 x 7 = 21	3 x 5 = 15	3 x 2 = 6
3 x 2 = 6	3 x 8 = 24	3 x 7 = 21
3 x 8 = 24	3 x 4 = 12	3 x 4 = 12
3 x 10 = 30	3 x 9 = 27	3 x 1 = 3
3 x 12 = 36	3 x 7 = 21	3 x 10 = 30
3 x 7 = 21	3 x 3 = 9	3 x 11 = 33
3 x 9 = 27	3 x 10 = 30	3 x 12 = 36
3 x 2 = 6	3 x 2 = 6	3 x 6 = 18
3 x 11 = 33	3 x 1 = 3	3 x 3 = 9

Multiplying 3's Test 3

Name: _____ Score: _____ /48 Time: _____

3 x 10 = ____   3 x 3 = ____   3 x 11 = ____

3 x 8 = ____   3 x 9 = ____   3 x 10 = ____

3 x 3 = ____   3 x 11 = ____   3 x 1 = ____

3 x 9 = ____   3 x 7 = ____   3 x 2 = ____

3 x 7 = ____   3 x 6 = ____   3 x 12 = ____

3 x 11 = ____   3 x 2 = ____   3 x 4 = ____

3 x 6 = ____   3 x 1 = ____   3 x 0 = ____

3 x 0 = ____   3 x 12 = ____   3 x 7 = ____

3 x 5 = ____   3 x 4 = ____   3 x 9 = ____

3 x 2 = ____   3 x 0 = ____   3 x 6 = ____

3 x 12 = ____   3 x 8 = ____   3 x 11 = ____

3 x 4 = ____   3 x 5 = ____   3 x 8 = ____

3 x 1 = ____   3 x 7 = ____   3 x 3 = ____

3 x 5 = ____   3 x 9 = ____   3 x 1 = ____

3 x 8 = ____   3 x 6 = ____   3 x 5 = ____

3 x 10 = ____   3 x 3 = ____   3 x 10 = ____

Multiplying 3's Test 3

Solutions!

3 x 10 = 30	3 x 3 = 9	3 x 11 = 33
3 x 8 = 24	3 x 9 = 27	3 x 10 = 30
3 x 3 = 9	3 x 11 = 33	3 x 1 = 3
3 x 9 = 27	3 x 7 = 21	3 x 2 = 6
3 x 7 = 21	3 x 6 = 18	3 x 12 = 36
3 x 11 = 33	3 x 2 = 6	3 x 4 = 12
3 x 6 = 18	3 x 1 = 3	3 x 0 = 0
3 x 0 = 0	3 x 12 = 36	3 x 7 = 21
3 x 5 = 15	3 x 4 = 12	3 x 9 = 27
3 x 2 = 6	3 x 0 = 0	3 x 6 = 18
3 x 12 = 36	3 x 8 = 24	3 x 11 = 33
3 x 4 = 12	3 x 5 = 15	3 x 8 = 24
3 x 1 = 3	3 x 7 = 21	3 x 3 = 9
3 x 5 = 15	3 x 9 = 27	3 x 1 = 3
3 x 8 = 24	3 x 6 = 18	3 x 5 = 15
3 x 10 = 30	3 x 3 = 9	3 x 10 = 30

Multiplying 3's Test 4

Name: _____   Score: ____ /48   Time: _____

3 x 4 = ____	3 x 11 = ____	3 x 9 = ____
3 x 6 = ____	3 x 0 = ____	3 x 5 = ____
3 x 2 = ____	3 x 4 = ____	3 x 7 = ____
3 x 11 = ____	3 x 1 = ____	3 x 4 = ____
3 x 1 = ____	3 x 9 = ____	3 x 12 = ____
3 x 9 = ____	3 x 8 = ____	3 x 3 = ____
3 x 8 = ____	3 x 5 = ____	3 x 6 = ____
3 x 3 = ____	3 x 3 = ____	3 x 1 = ____
3 x 0 = ____	3 x 12 = ____	3 x 10 = ____
3 x 7 = ____	3 x 10 = ____	3 x 11 = ____
3 x 6 = ____	3 x 6 = ____	3 x 2 = ____
3 x 10 = ____	3 x 1 = ____	3 x 9 = ____
3 x 5 = ____	3 x 11 = ____	3 x 8 = ____
3 x 12 = ____	3 x 2 = ____	3 x 5 = ____
3 x 2 = ____	3 x 8 = ____	3 x 0 = ____
3 x 7 = ____	3 x 0 = ____	3 x 7 = ____

Multiplying 3's Test 4

Solutions!

3 x 4 = 12	3 x 11 = 33	3 x 9 = 27
3 x 6 = 18	3 x 0 = 0	3 x 5 = 15
3 x 2 = 6	3 x 4 = 12	3 x 7 = 21
3 x 11 = 33	3 x 1 = 3	3 x 4 = 12
3 x 1 = 3	3 x 9 = 27	3 x 12 = 36
3 x 9 = 27	3 x 8 = 24	3 x 3 = 9
3 x 8 = 24	3 x 5 = 15	3 x 6 = 18
3 x 3 = 9	3 x 3 = 9	3 x 1 = 3
3 x 0 = 0	3 x 12 = 36	3 x 10 = 30
3 x 7 = 21	3 x 10 = 30	3 x 11 = 33
3 x 6 = 18	3 x 6 = 18	3 x 2 = 6
3 x 10 = 30	3 x 1 = 3	3 x 9 = 27
3 x 5 = 15	3 x 11 = 33	3 x 8 = 24
3 x 12 = 36	3 x 2 = 6	3 x 5 = 15
3 x 2 = 6	3 x 8 = 24	3 x 0 = 0
3 x 7 = 21	3 x 0 = 0	3 x 7 = 21

Multiplying 4's Test 1

Name: _____   Score: ___/48   Time: _____

4 x 3 = ____   4 x 4 = ____   4 x 1 = ____

4 x 7 = ____   4 x 0 = ____   4 x 10 = ____

4 x 1 = ____   4 x 12 = ____   4 x 7 = ____

4 x 10 = ____   4 x 6 = ____   4 x 4 = ____

4 x 9 = ____   4 x 1 = ____   4 x 5 = ____

4 x 8 = ____   4 x 9 = ____   4 x 3 = ____

4 x 2 = ____   4 x 5 = ____   4 x 6 = ____

4 x 0 = ____   4 x 11 = ____   4 x 8 = ____

4 x 12 = ____   4 x 3 = ____   4 x 2 = ____

4 x 5 = ____   4 x 2 = ____   4 x 12 = ____

4 x 11 = ____   4 x 0 = ____   4 x 9 = ____

4 x 6 = ____   4 x 8 = ____   4 x 11 = ____

4 x 2 = ____   4 x 12 = ____   4 x 1 = ____

4 x 7 = ____   4 x 6 = ____   4 x 10 = ____

4 x 8 = ____   4 x 9 = ____   4 x 7 = ____

4 x 10 = ____   4 x 11 = ____   4 x 0 = ____

Multiplying 4's Test 1

Solutions!

4 x 3 = 12	4 x 4 = 16	4 x 1 = 4
4 x 7 = 28	4 x 0 = 0	4 x 10 = 40
4 x 1 = 4	4 x 12 = 48	4 x 7 = 28
4 x 10 = 40	4 x 6 = 24	4 x 4 = 16
4 x 9 = 36	4 x 1 = 4	4 x 5 = 20
4 x 8 = 32	4 x 9 = 36	4 x 3 = 12
4 x 2 = 8	4 x 5 = 20	4 x 6 = 24
4 x 0 = 0	4 x 11 = 44	4 x 8 = 32
4 x 12 = 48	4 x 3 = 12	4 x 2 = 8
4 x 5 = 20	4 x 2 = 8	4 x 12 = 48
4 x 11 = 44	4 x 0 = 0	4 x 9 = 36
4 x 6 = 24	4 x 8 = 32	4 x 11 = 44
4 x 2 = 8	4 x 12 = 48	4 x 1 = 4
4 x 7 = 28	4 x 6 = 24	4 x 10 = 40
4 x 8 = 32	4 x 9 = 36	4 x 7 = 28
4 x 10 = 40	4 x 11 = 44	4 x 0 = 0

Multiplying 4's Test 2

Name: _____ Score: ____ /48 Time: _____

4 x 10 = ____   4 x 2 = ____   4 x 10 = ____

4 x 4 = ____   4 x 12 = ____   4 x 7 = ____

4 x 7 = ____   4 x 10 = ____   4 x 11 = ____

4 x 2 = ____   4 x 0 = ____   4 x 1 = ____

4 x 11 = ____   4 x 8 = ____   4 x 8 = ____

4 x 5 = ____   4 x 1 = ____   4 x 9 = ____

4 x 0 = ____   4 x 7 = ____   4 x 2 = ____

4 x 12 = ____   4 x 11 = ____   4 x 12 = ____

4 x 6 = ____   4 x 9 = ____   4 x 0 = ____

4 x 1 = ____   4 x 4 = ____   4 x 5 = ____

4 x 9 = ____   4 x 3 = ____   4 x 3 = ____

4 x 3 = ____   4 x 2 = ____   4 x 6 = ____

4 x 8 = ____   4 x 12 = ____   4 x 4 = ____

4 x 6 = ____   4 x 0 = ____   4 x 11 = ____

4 x 3 = ____   4 x 5 = ____   4 x 1 = ____

4 x 5 = ____   4 x 6 = ____   4 x 8 = ____

Multiplying 4's Test 2

Solutions!

4 x 10 = 40	4 x 2 = 8	4 x 10 = 40
4 x 4 = 16	4 x 12 = 48	4 x 7 = 28
4 x 7 = 28	4 x 10 = 40	4 x 11 = 44
4 x 2 = 8	4 x 0 = 0	4 x 1 = 4
4 x 11 = 44	4 x 8 = 32	4 x 8 = 32
4 x 5 = 20	4 x 1 = 4	4 x 9 = 36
4 x 0 = 0	4 x 7 = 28	4 x 2 = 8
4 x 12 = 48	4 x 11 = 44	4 x 12 = 48
4 x 6 = 24	4 x 9 = 36	4 x 0 = 0
4 x 1 = 4	4 x 4 = 16	4 x 5 = 20
4 x 9 = 36	4 x 3 = 12	4 x 3 = 12
4 x 3 = 12	4 x 2 = 8	4 x 6 = 24
4 x 8 = 32	4 x 12 = 48	4 x 4 = 16
4 x 6 = 24	4 x 0 = 0	4 x 11 = 44
4 x 3 = 12	4 x 5 = 20	4 x 1 = 4
4 x 5 = 20	4 x 6 = 24	4 x 8 = 32

Multiplying 4's Test 3

Name: _____   Score: ____ /48   Time: _____

4 x 8 = ___	4 x 5 = ___	4 x 8 = ___
4 x 3 = ___	4 x 2 = ___	4 x 4 = ___
4 x 0 = ___	4 x 12 = ___	4 x 10 = ___
4 x 7 = ___	4 x 8 = ___	4 x 7 = ___
4 x 12 = ___	4 x 11 = ___	4 x 11 = ___
4 x 9 = ___	4 x 4 = ___	4 x 1 = ___
4 x 2 = ___	4 x 10 = ___	4 x 9 = ___
4 x 10 = ___	4 x 7 = ___	4 x 5 = ___
4 x 1 = ___	4 x 0 = ___	4 x 2 = ___
4 x 6 = ___	4 x 9 = ___	4 x 12 = ___
4 x 5 = ___	4 x 5 = ___	4 x 0 = ___
4 x 11 = ___	4 x 1 = ___	4 x 3 = ___
4 x 3 = ___	4 x 3 = ___	4 x 6 = ___
4 x 6 = ___	4 x 6 = ___	4 x 8 = ___
4 x 1 = ___	4 x 12 = ___	4 x 4 = ___
4 x 9 = ___	4 x 2 = ___	4 x 10 = ___

Multiplying 4's Test 3

Solutions!

4 x 8 = 32	4 x 5 = 20	4 x 8 = 32
4 x 3 = 12	4 x 2 = 8	4 x 4 = 16
4 x 0 = 0	4 x 12 = 48	4 x 10 = 40
4 x 7 = 28	4 x 8 = 32	4 x 7 = 28
4 x 12 = 48	4 x 11 = 44	4 x 11 = 44
4 x 9 = 36	4 x 4 = 16	4 x 1 = 4
4 x 2 = 8	4 x 10 = 40	4 x 9 = 36
4 x 10 = 40	4 x 7 = 28	4 x 5 = 20
4 x 1 = 4	4 x 0 = 0	4 x 2 = 8
4 x 6 = 24	4 x 9 = 36	4 x 12 = 48
4 x 5 = 20	4 x 5 = 20	4 x 0 = 0
4 x 11 = 44	4 x 1 = 4	4 x 3 = 12
4 x 3 = 12	4 x 3 = 12	4 x 6 = 24
4 x 6 = 24	4 x 6 = 24	4 x 8 = 32
4 x 1 = 4	4 x 12 = 48	4 x 4 = 16
4 x 9 = 36	4 x 2 = 8	4 x 10 = 40

Multiplying 4's Test 4

Name: _____ Score: ___/48 Time: _____

4 x 6 = ___   4 x 12 = ___   4 x 5 = ___

4 x 9 = ___   4 x 5 = ___   4 x 0 = ___

4 x 4 = ___   4 x 1 = ___   4 x 8 = ___

4 x 11 = ___   4 x 11 = ___   4 x 4 = ___

4 x 5 = ___   4 x 0 = ___   4 x 10 = ___

4 x 2 = ___   4 x 8 = ___   4 x 7 = ___

4 x 12 = ___   4 x 4 = ___   4 x 3 = ___

4 x 1 = ___   4 x 10 = ___   4 x 6 = ___

4 x 8 = ___   4 x 7 = ___   4 x 9 = ___

4 x 0 = ___   4 x 3 = ___   4 x 2 = ___

4 x 10 = ___   4 x 6 = ___   4 x 12 = ___

4 x 3 = ___   4 x 9 = ___   4 x 1 = ___

4 x 7 = ___   4 x 2 = ___   4 x 11 = ___

4 x 6 = ___   4 x 12 = ___   4 x 0 = ___

4 x 9 = ___   4 x 1 = ___   4 x 8 = ___

4 x 2 = ___   4 x 11 = ___   4 x 5 = ___

Multiplying 4's Test 4

Solutions!

$4 \times 6 = 24$ $4 \times 12 = 48$ $4 \times 5 = 20$

$4 \times 9 = 36$ $4 \times 5 = 20$ $4 \times 0 = 0$

$4 \times 4 = 16$ $4 \times 1 = 4$ $4 \times 8 = 32$

$4 \times 11 = 44$ $4 \times 11 = 44$ $4 \times 4 = 16$

$4 \times 5 = 20$ $4 \times 0 = 0$ $4 \times 10 = 40$

$4 \times 2 = 8$ $4 \times 8 = 32$ $4 \times 7 = 28$

$4 \times 12 = 48$ $4 \times 4 = 16$ $4 \times 3 = 12$

$4 \times 1 = 4$ $4 \times 10 = 40$ $4 \times 6 = 24$

$4 \times 8 = 32$ $4 \times 7 = 28$ $4 \times 9 = 36$

$4 \times 0 = 0$ $4 \times 3 = 12$ $4 \times 2 = 8$

$4 \times 10 = 40$ $4 \times 6 = 24$ $4 \times 12 = 48$

$4 \times 3 = 12$ $4 \times 9 = 36$ $4 \times 1 = 4$

$4 \times 7 = 28$ $4 \times 2 = 8$ $4 \times 11 = 44$

$4 \times 6 = 24$ $4 \times 12 = 48$ $4 \times 0 = 0$

$4 \times 9 = 36$ $4 \times 1 = 4$ $4 \times 8 = 32$

$4 \times 2 = 8$ $4 \times 11 = 44$ $4 \times 5 = 20$

Multiplying 5's Test 1

Name: _____   Score: _____ /48   Time: _____

5 x 9 = ____   5 x 1 = ____   5 x 6 = ____

5 x 1 = ____   5 x 8 = ____   5 x 11 = ____

5 x 7 = ____   5 x 2 = ____   5 x 0 = ____

5 x 2 = ____   5 x 12 = ____   5 x 9 = ____

5 x 8 = ____   5 x 4 = ____   5 x 4 = ____

5 x 6 = ____   5 x 9 = ____   5 x 10 = ____

5 x 3 = ____   5 x 0 = ____   5 x 7 = ____

5 x 12 = ____   5 x 11 = ____   5 x 3 = ____

5 x 5 = ____   5 x 5 = ____   5 x 8 = ____

5 x 0 = ____   5 x 10 = ____   5 x 1 = ____

5 x 11 = ____   5 x 7 = ____   5 x 12 = ____

5 x 4 = ____   5 x 3 = ____   5 x 2 = ____

5 x 10 = ____   5 x 1 = ____   5 x 6 = ____

5 x 6 = ____   5 x 8 = ____   5 x 11 = ____

5 x 3 = ____   5 x 12 = ____   5 x 0 = ____

5 x 7 = ____   5 x 2 = ____   5 x 9 = ____

Multiplying 5's Test 1

Solutions!

5 x 9 = 45	5 x 1 = 5	5 x 6 = 30
5 x 1 = 5	5 x 8 = 40	5 x 11 = 55
5 x 7 = 35	5 x 2 = 10	5 x 0 = 0
5 x 2 = 10	5 x 12 = 60	5 x 9 = 45
5 x 8 = 40	5 x 4 = 20	5 x 4 = 20
5 x 6 = 30	5 x 9 = 45	5 x 10 = 50
5 x 3 = 15	5 x 0 = 0	5 x 7 = 35
5 x 12 = 60	5 x 11 = 55	5 x 3 = 15
5 x 5 = 25	5 x 5 = 25	5 x 8 = 40
5 x 0 = 0	5 x 10 = 50	5 x 1 = 5
5 x 11 = 55	5 x 7 = 35	5 x 12 = 60
5 x 4 = 20	5 x 3 = 15	5 x 2 = 10
5 x 10 = 50	5 x 1 = 5	5 x 6 = 30
5 x 6 = 30	5 x 8 = 40	5 x 11 = 55
5 x 3 = 15	5 x 12 = 60	5 x 0 = 0
5 x 7 = 35	5 x 2 = 10	5 x 9 = 45

Multiplying 5's Test 2

Name: _____ Score: ___/48 Time: _____

5 x 8 = _____   5 x 9 = _____   5 x 7 = _____

5 x 0 = _____   5 x 11 = _____   5 x 6 = _____

5 x 11 = _____   5 x 1 = _____   5 x 8 = _____

5 x 2 = _____   5 x 10 = _____   5 x 12 = _____

5 x 3 = _____   5 x 7 = _____   5 x 4 = _____

5 x 10 = _____   5 x 8 = _____   5 x 2 = _____

5 x 4 = _____   5 x 6 = _____   5 x 3 = _____

5 x 9 = _____   5 x 12 = _____   5 x 0 = _____

5 x 7 = _____   5 x 2 = _____   5 x 11 = _____

5 x 1 = _____   5 x 4 = _____   5 x 9 = _____

5 x 6 = _____   5 x 3 = _____   5 x 10 = _____

5 x 12 = _____   5 x 0 = _____   5 x 1 = _____

5 x 3 = _____   5 x 11 = _____   5 x 6 = _____

5 x 4 = _____   5 x 9 = _____   5 x 7 = _____

5 x 2 = _____   5 x 1 = _____   5 x 8 = _____

5 x 0 = _____   5 x 10 = _____   5 x 12 = _____

Multiplying 5's Test 2

Solutions!

5 x 8 = 40	5 x 9 = 45	5 x 7 = 35
5 x 0 = 0	5 x 11 = 55	5 x 6 = 30
5 x 11 = 55	5 x 1 = 5	5 x 8 = 40
5 x 2 = 10	5 x 10 = 50	5 x 12 = 60
5 x 3 = 15	5 x 7 = 35	5 x 4 = 20
5 x 10 = 50	5 x 8 = 40	5 x 2 = 10
5 x 4 = 20	5 x 6 = 30	5 x 3 = 15
5 x 9 = 45	5 x 12 = 60	5 x 0 = 0
5 x 7 = 35	5 x 2 = 10	5 x 11 = 55
5 x 1 = 5	5 x 4 = 20	5 x 9 = 45
5 x 6 = 30	5 x 3 = 15	5 x 10 = 50
5 x 12 = 60	5 x 0 = 0	5 x 1 = 5
5 x 3 = 15	5 x 11 = 55	5 x 6 = 30
5 x 4 = 20	5 x 9 = 45	5 x 7 = 35
5 x 2 = 10	5 x 1 = 5	5 x 8 = 40
5 x 0 = 0	5 x 10 = 50	5 x 12 = 60

Multiplying 5's Test 3

Name: _____ Score: ___ /48 Time: _____

5 x 3 = ____   5 x 1 = ____   5 x 2 = ____

5 x 9 = ____   5 x 6 = ____   5 x 0 = ____

5 x 8 = ____   5 x 7 = ____   5 x 10 = ____

5 x 11 = ____   5 x 4 = ____   5 x 12 = ____

5 x 1 = ____   5 x 2 = ____   5 x 3 = ____

5 x 6 = ____   5 x 0 = ____   5 x 9 = ____

5 x 7 = ____   5 x 10 = ____   5 x 8 = ____

5 x 4 = ____   5 x 12 = ____   5 x 11 = ____

5 x 2 = ____   5 x 3 = ____   5 x 1 = ____

5 x 0 = ____   5 x 9 = ____   5 x 6 = ____

5 x 10 = ____   5 x 8 = ____   5 x 7 = ____

5 x 12 = ____   5 x 11 = ____   5 x 4 = ____

5 x 3 = ____   5 x 1 = ____   5 x 2 = ____

5 x 9 = ____   5 x 6 = ____   5 x 0 = ____

5 x 8 = ____   5 x 7 = ____   5 x 10 = ____

5 x 11 = ____   5 x 4 = ____   5 x 12 = ____

Multiplying 5's Test 3

Solutions!

5 x 3 = 15	5 x 1 = 5	5 x 2 = 10
5 x 9 = 45	5 x 6 = 30	5 x 0 = 0
5 x 8 = 40	5 x 7 = 35	5 x 10 = 50
5 x 11 = 55	5 x 4 = 20	5 x 12 = 60
5 x 1 = 5	5 x 2 = 10	5 x 3 = 15
5 x 6 = 30	5 x 0 = 0	5 x 9 = 45
5 x 7 = 35	5 x 10 = 50	5 x 8 = 40
5 x 4 = 20	5 x 12 = 60	5 x 11 = 55
5 x 2 = 10	5 x 3 = 15	5 x 1 = 5
5 x 0 = 0	5 x 9 = 45	5 x 6 = 30
5 x 10 = 50	5 x 8 = 40	5 x 7 = 35
5 x 12 = 60	5 x 11 = 55	5 x 4 = 20
5 x 3 = 15	5 x 1 = 5	5 x 2 = 10
5 x 9 = 45	5 x 6 = 30	5 x 0 = 0
5 x 8 = 40	5 x 7 = 35	5 x 10 = 50
5 x 11 = 55	5 x 4 = 20	5 x 12 = 60

Multiplying 5's Test 4

Name: _____ Score: _____ /48 Time: _____

5 x 7=_____   5 x 3=_____   5 x 3=_____

5 x 12=_____   5 x 9=_____   5 x 11=_____

5 x 6=_____   5 x 2=_____   5 x 1=_____

5 x 10=_____   5 x 3=_____   5 x 8=_____

5 x 12=_____   5 x 2=_____   5 x 12=_____

5 x 4=_____   5 x 7=_____   5 x 5=_____

5 x 9=_____   5 x 2=_____   5 x 10=_____

5 x 2=_____   5 x 3=_____   5 x 6=_____

5 x 3=_____   5 x 6=_____   5 x 8=_____

5 x 1=_____   5 x 8=_____   5 x 8=_____

5 x 11=_____   5 x 4=_____   5 x 9=_____

5 x 10=_____   5 x 12=_____   5 x 4=_____

5 x 11=_____   5 x 8=_____   5 x 6=_____

5 x 5=_____   5 x 10=_____   5 x 2=_____

5 x 4=_____   5 x 12=_____   5 x 1=_____

5 x 7=_____   5 x 9=_____   5 x 5=_____

Multiplying 5's Test 4

Solutions!

5 x 7=35	5 x 3=15	5 x 3=15
5 x 12=60	5 x 9=45	5 x 11=55
5 x 6=30	5 x 2=10	5 x 1=5
5 x 10=50	5 x 3=15	5 x 8=40
5 x 12=60	5 x 2=10	5 x 12=60
5 x 4=20	5 x 7=35	5 x 5=25
5 x 9=45	5 x 2=10	5 x 10=50
5 x 2=10	5 x 3=15	5 x 6=30
5 x 3=15	5 x 6=30	5 x 8=40
5 x 1=5	5 x 8=40	5 x 8=40
5 x 11=55	5 x 4=20	5 x 9=45
5 x 10=50	5 x 12=60	5 x 4=20
5 x 11=55	5 x 8=40	5 x 6=30
5 x 5=25	5 x 10=50	5 x 2=10
5 x 4=20	5 x 12=60	5 x 1=5
5 x 7=35	5 x 9=45	5 x 5=25

Multiplying 6's Test 1

Name: _____ Score: _____ /48 Time: _____

6 x 9=_____	6 x 4=_____	6 x 2=_____
6 x 12=_____	6 x 12=_____	6 x 11=_____
6 x 10=_____	6 x 4=_____	6 x 9=_____
6 x 1=_____	6 x 7=_____	6 x 12=_____
6 x 10=_____	6 x 2=_____	6 x 4=_____
6 x 5=_____	6 x 6=_____	6 x 8=_____
6 x 6=_____	6 x 11=_____	6 x 5=_____
6 x 9=_____	6 x 2=_____	6 x 6=_____
6 x 3=_____	6 x 5=_____	6 x 12=_____
6 x 5=_____	6 x 8=_____	6 x 4=_____
6 x 6=_____	6 x 8=_____	6 x 8=_____
6 x 5=_____	6 x 2=_____	6 x 3=_____
6 x 1=_____	6 x 5=_____	6 x 3=_____
6 x 12=_____	6 x 3=_____	6 x 10=_____
6 x 1=_____	6 x 1=_____	6 x 7=_____
6 x 11=_____	6 x 8=_____	6 x 4=_____

Multiplying 6's Test 1

Solutions!

6 x 9 = 54	6 x 4 = 24	6 x 2 = 12
6 x 12 = 72	6 x 12 = 72	6 x 11 = 66
6 x 10 = 60	6 x 4 = 24	6 x 9 = 54
6 x 1 = 6	6 x 7 = 42	6 x 12 = 72
6 x 10 = 60	6 x 2 = 12	6 x 4 = 24
6 x 5 = 30	6 x 6 = 36	6 x 8 = 48
6 x 6 = 36	6 x 11 = 66	6 x 5 = 30
6 x 9 = 54	6 x 2 = 12	6 x 6 = 36
6 x 3 = 18	6 x 5 = 30	6 x 12 = 72
6 x 5 = 30	6 x 8 = 48	6 x 4 = 24
6 x 6 = 36	6 x 8 = 48	6 x 8 = 48
6 x 5 = 30	6 x 2 = 12	6 x 3 = 18
6 x 1 = 6	6 x 5 = 30	6 x 3 = 18
6 x 12 = 72	6 x 3 = 18	6 x 10 = 60
6 x 1 = 6	6 x 1 = 6	6 x 7 = 42
6 x 11 = 66	6 x 8 = 48	6 x 4 = 24

Multiplying 6's Test 2

Name: _____   Score: ___ /48   Time: _____

6 x 3=_____   6 x 9=_____   6 x 11=_____

6 x 10=_____   6 x 4=_____   6 x 2=_____

6 x 12=_____   6 x 11=_____   6 x 10=_____

6 x 11=_____   6 x 10=_____   6 x 5=_____

6 x 1=_____   6 x 9=_____   6 x 9=_____

6 x 7=_____   6 x 9=_____   6 x 12=_____

6 x 10=_____   6 x 3=_____   6 x 1=_____

6 x 1=_____   6 x 4=_____   6 x 3=_____

6 x 4=_____   6 x 9=_____   6 x 10=_____

6 x 2=_____   6 x 1=_____   6 x 2=_____

6 x 3=_____   6 x 9=_____   6 x 12=_____

6 x 11=_____   6 x 2=_____   6 x 7=_____

6 x 3=_____   6 x 5=_____   6 x 6=_____

6 x 6=_____   6 x 11=_____   6 x 2=_____

6 x 7=_____   6 x 8=_____   6 x 8=_____

6 x 8=_____   6 x 10=_____   6 x 12=_____

Multiplying 6's Test 2

Solutions!

6 x 3=18	6 x 9=54	6 x 11=66
6 x 10=60	6 x 4=24	6 x 2=12
6 x 12=72	6 x 11=66	6 x 10=60
6 x 11=66	6 x 10=60	6 x 5=30
6 x 1=6	6 x 9=54	6 x 9=54
6 x 7=42	6 x 9=54	6 x 12=72
6 x 10=60	6 x 3=18	6 x 1=6
6 x 1=6	6 x 4=24	6 x 3=18
6 x 4=24	6 x 9=54	6 x 10=60
6 x 2=12	6 x 1=6	6 x 2=12
6 x 3=18	6 x 9=54	6 x 12=72
6 x 11=66	6 x 2=12	6 x 7=42
6 x 3=18	6 x 5=30	6 x 6=36
6 x 6=36	6 x 11=66	6 x 2=12
6 x 7=42	6 x 8=48	6 x 8=48
6 x 8=48	6 x 10=60	6 x 12=72

Multiplying 6's Test 3

Name: _____ Score: ____ /48 Time: _____

6 x 9=____   6 x 1=____   6 x 5=____

6 x 5=____   6 x 8=____   6 x 4=____

6 x 1=____   6 x 7=____   6 x 9=____

6 x 11=____   6 x 6=____   6 x 3=____

6 x 3=____   6 x 1=____   6 x 8=____

6 x 4=____   6 x 9=____   6 x 2=____

6 x 7=____   6 x 2=____   6 x 7=____

6 x 2=____   6 x 3=____   6 x 3=____

6 x 4=____   6 x 10=____   6 x 7=____

6 x 4=____   6 x 8=____   6 x 8=____

6 x 5=____   6 x 3=____   6 x 12=____

6 x 4=____   6 x 10=____   6 x 12=____

6 x 8=____   6 x 6=____   6 x 10=____

6 x 1=____   6 x 10=____   6 x 9=____

6 x 11=____   6 x 10=____   6 x 5=____

6 x 5=____   6 x 6=____   6 x 11=____

Multiplying 6's Test 3

Solutions!

6 x 9=54	6 x 1=6	6 x 5=30
6 x 5=30	6 x 8=48	6 x 4=24
6 x 1=6	6 x 7=42	6 x 9=54
6 x 11=66	6 x 6=36	6 x 3=18
6 x 3=18	6 x 1=6	6 x 8=48
6 x 4=24	6 x 9=54	6 x 2=12
6 x 7=42	6 x 2=12	6 x 7=42
6 x 2=12	6 x 3=18	6 x 3=18
6 x 4=24	6 x 10=60	6 x 7=42
6 x 4=24	6 x 8=48	6 x 8=48
6 x 5=30	6 x 3=18	6 x 12=72
6 x 4=24	6 x 10=60	6 x 12=72
6 x 8=48	6 x 6=36	6 x 10=60
6 x 1=6	6 x 10=60	6 x 9=54
6 x 11=66	6 x 10=60	6 x 5=30
6 x 5=30	6 x 6=36	6 x 11=66

Multiplying 6's Test 4

Name: _____ Score: _____ /48 Time: _____

6 x 10=_____   6 x 9=_____   6 x 5=_____

6 x 12=_____   6 x 12=_____   6 x 8=_____

6 x 6=_____   6 x 9=_____   6 x 6=_____

6 x 11=_____   6 x 9=_____   6 x 4=_____

6 x 6=_____   6 x 12=_____   6 x 4=_____

6 x 3=_____   6 x 5=_____   6 x 7=_____

6 x 1=_____   6 x 2=_____   6 x 8=_____

6 x 7=_____   6 x 10=_____   6 x 10=_____

6 x 2=_____   6 x 5=_____   6 x 2=_____

6 x 5=_____   6 x 6=_____   6 x 6=_____

6 x 8=_____   6 x 11=_____   6 x 8=_____

6 x 7=_____   6 x 4=_____   6 x 7=_____

6 x 7=_____   6 x 9=_____   6 x 3=_____

6 x 9=_____   6 x 3=_____   6 x 1=_____

6 x 12=_____   6 x 4=_____   6 x 3=_____

6 x 2=_____   6 x 11=_____   6 x 2=_____

Multiplying 6's Test 4

Solutions!

6 x 10=60	6 x 9=54	6 x 5=30
6 x 12=72	6 x 12=72	6 x 8=48
6 x 6=36	6 x 9=54	6 x 6=36
6 x 11=66	6 x 9=54	6 x 4=24
6 x 6=36	6 x 12=72	6 x 4=24
6 x 3=18	6 x 5=30	6 x 7=42
6 x 1=6	6 x 2=12	6 x 8=48
6 x 7=42	6 x 10=60	6 x 10=60
6 x 2=12	6 x 5=30	6 x 2=12
6 x 5=30	6 x 6=36	6 x 6=36
6 x 8=48	6 x 11=66	6 x 8=48
6 x 7=42	6 x 4=24	6 x 7=42
6 x 7=42	6 x 9=54	6 x 3=18
6 x 9=54	6 x 3=18	6 x 1=6
6 x 12=72	6 x 4=24	6 x 3=18
6 x 2=12	6 x 11=66	6 x 2=12

Multiplying 7's Test 1

Name: _____   Score: _____ /48   Time: _____

7 x 4=_____   7 x 8=_____   7 x 12=_____

7 x 8=_____   7 x 1=_____   7 x 7=_____

7 x 1=_____   7 x 4=_____   7 x 5=_____

7 x 8=_____   7 x 9=_____   7 x 9=_____

7 x 11=_____   7 x 7=_____   7 x 5=_____

7 x 10=_____   7 x 5=_____   7 x 10=_____

7 x 2=_____   7 x 4=_____   7 x 9=_____

7 x 5=_____   7 x 5=_____   7 x 12=_____

7 x 1=_____   7 x 2=_____   7 x 8=_____

7 x 8=_____   7 x 2=_____   7 x 2=_____

7 x 10=_____   7 x 9=_____   7 x 10=_____

7 x 10=_____   7 x 4=_____   7 x 11=_____

7 x 4=_____   7 x 3=_____   7 x 8=_____

7 x 2=_____   7 x 12=_____   7 x 12=_____

7 x 11=_____   7 x 3=_____   7 x 8=_____

7 x 3=_____   7 x 7=_____   7 x 2=_____

Multiplying 7's Test 1

Solutions!

7 x 4 = 28	7 x 8 = 56	7 x 12 = 84
7 x 8 = 56	7 x 1 = 7	7 x 7 = 49
7 x 1 = 7	7 x 4 = 28	7 x 5 = 35
7 x 8 = 56	7 x 9 = 63	7 x 9 = 63
7 x 11 = 77	7 x 7 = 49	7 x 5 = 35
7 x 10 = 70	7 x 5 = 35	7 x 10 = 70
7 x 2 = 14	7 x 4 = 28	7 x 9 = 63
7 x 5 = 35	7 x 5 = 35	7 x 12 = 84
7 x 1 = 7	7 x 2 = 14	7 x 8 = 56
7 x 8 = 56	7 x 2 = 14	7 x 2 = 14
7 x 10 = 70	7 x 9 = 63	7 x 10 = 70
7 x 10 = 70	7 x 4 = 28	7 x 11 = 77
7 x 4 = 28	7 x 3 = 21	7 x 8 = 56
7 x 2 = 14	7 x 12 = 84	7 x 12 = 84
7 x 11 = 77	7 x 3 = 21	7 x 8 = 56
7 x 3 = 21	7 x 7 = 49	7 x 2 = 14

Multiplying 7's Test 2

Name: _____ Score: ___ /48 Time: _____

7 x 3=_____   7 x 9=_____   7 x 4=_____

7 x 12=_____   7 x 4=_____   7 x 12=_____

7 x 6=_____   7 x 5=_____   7 x 12=_____

7 x 1=_____   7 x 11=_____   7 x 2=_____

7 x 7=_____   7 x 5=_____   7 x 3=_____

7 x 1=_____   7 x 4=_____   7 x 9=_____

7 x 5=_____   7 x 1=_____   7 x 2=_____

7 x 6=_____   7 x 11=_____   7 x 12=_____

7 x 10=_____   7 x 3=_____   7 x 1=_____

7 x 6=_____   7 x 11=_____   7 x 11=_____

7 x 7=_____   7 x 1=_____   7 x 1=_____

7 x 7=_____   7 x 4=_____   7 x 6=_____

7 x 6=_____   7 x 5=_____   7 x 4=_____

7 x 5=_____   7 x 1=_____   7 x 6=_____

7 x 11=_____   7 x 6=_____   7 x 6=_____

7 x 10=_____   7 x 8=_____   7 x 8=_____

Multiplying 7's Test 2

Solutions!

7 x 3=21	7 x 9=63	7 x 4=28
7 x 12=84	7 x 4=28	7 x 12=84
7 x 6=42	7 x 5=35	7 x 12=84
7 x 1=7	7 x 11=77	7 x 2=14
7 x 7=49	7 x 5=35	7 x 3=21
7 x 1=7	7 x 4=28	7 x 9=63
7 x 5=35	7 x 1=7	7 x 2=14
7 x 6=42	7 x 11=77	7 x 12=84
7 x 10=70	7 x 3=21	7 x 1=7
7 x 6=42	7 x 11=77	7 x 11=77
7 x 7=49	7 x 1=7	7 x 1=7
7 x 7=49	7 x 4=28	7 x 6=42
7 x 6=42	7 x 5=35	7 x 4=28
7 x 5=35	7 x 1=7	7 x 6=42
7 x 11=77	7 x 6=42	7 x 6=42
7 x 10=70	7 x 8=56	7 x 8=56

Multiplying 7's Test 3

Name: _____ Score: _____ /48 Time: _____

7 x 2=_____	7 x 6=_____	7 x 7=_____
7 x 9=_____	7 x 3=_____	7 x 6=_____
7 x 6=_____	7 x 3=_____	7 x 3=_____
7 x 4=_____	7 x 6=_____	7 x 4=_____
7 x 11=_____	7 x 12=_____	7 x 4=_____
7 x 1=_____	7 x 2=_____	7 x 2=_____
7 x 10=_____	7 x 1=_____	7 x 9=_____
7 x 6=_____	7 x 8=_____	7 x 9=_____
7 x 8=_____	7 x 9=_____	7 x 11=_____
7 x 4=_____	7 x 9=_____	7 x 10=_____
7 x 1=_____	7 x 1=_____	7 x 4=_____
7 x 3=_____	7 x 7=_____	7 x 3=_____
7 x 10=_____	7 x 10=_____	7 x 3=_____
7 x 5=_____	7 x 12=_____	7 x 11=_____
7 x 7=_____	7 x 8=_____	7 x 1=_____
7 x 3=_____	7 x 2=_____	7 x 3=_____

Multiplying 7's Test 3

Solutions!

7 x 2=14	7 x 6=42	7 x 7=49
7 x 9=63	7 x 3=21	7 x 6=42
7 x 6=42	7 x 3=21	7 x 3=21
7 x 4=28	7 x 6=42	7 x 4=28
7 x 11=77	7 x 12=84	7 x 4=28
7 x 1=7	7 x 2=14	7 x 2=14
7 x 10=70	7 x 1=7	7 x 9=63
7 x 6=42	7 x 8=56	7 x 9=63
7 x 8=56	7 x 9=63	7 x 11=77
7 x 4=28	7 x 9=63	7 x 10=70
7 x 1=7	7 x 1=7	7 x 4=28
7 x 3=21	7 x 7=49	7 x 3=21
7 x 10=70	7 x 10=70	7 x 3=21
7 x 5=35	7 x 12=84	7 x 11=77
7 x 7=49	7 x 8=56	7 x 1=7
7 x 3=21	7 x 2=14	7 x 3=21

Multiplying 7's Test 4

Name: _____ Score: _____ /48 Time: _____

7 x 5 = _____   7 x 7 = _____   7 x 7 = _____

7 x 2 = _____   7 x 3 = _____   7 x 12 = _____

7 x 11 = _____   7 x 7 = _____   7 x 9 = _____

7 x 11 = _____   7 x 12 = _____   7 x 5 = _____

7 x 8 = _____   7 x 5 = _____   7 x 9 = _____

7 x 5 = _____   7 x 1 = _____   7 x 12 = _____

7 x 6 = _____   7 x 4 = _____   7 x 10 = _____

7 x 2 = _____   7 x 10 = _____   7 x 6 = _____

7 x 10 = _____   7 x 8 = _____   7 x 9 = _____

7 x 2 = _____   7 x 7 = _____   7 x 8 = _____

7 x 12 = _____   7 x 8 = _____   7 x 5 = _____

7 x 11 = _____   7 x 7 = _____   7 x 11 = _____

7 x 5 = _____   7 x 9 = _____   7 x 7 = _____

7 x 5 = _____   7 x 6 = _____   7 x 10 = _____

7 x 6 = _____   7 x 2 = _____   7 x 5 = _____

7 x 4 = _____   7 x 1 = _____   7 x 9 = _____

Multiplying 7's Test 4

Solutions!

7 x 5=35	7 x 7=49	7 x 7=49
7 x 2=14	7 x 3=21	7 x 12=84
7 x 11=77	7 x 7=49	7 x 9=63
7 x 11=77	7 x 12=84	7 x 5=35
7 x 8=56	7 x 5=35	7 x 9=63
7 x 5=35	7 x 1=7	7 x 12=84
7 x 6=42	7 x 4=28	7 x 10=70
7 x 2=14	7 x 10=70	7 x 6=42
7 x 10=70	7 x 8=56	7 x 9=63
7 x 2=14	7 x 7=49	7 x 8=56
7 x 12=84	7 x 8=56	7 x 5=35
7 x 11=77	7 x 7=49	7 x 11=77
7 x 5=35	7 x 9=63	7 x 7=49
7 x 5=35	7 x 6=42	7 x 10=70
7 x 6=42	7 x 2=14	7 x 5=35
7 x 4=28	7 x 1=7	7 x 9=63

Multiplying 8's Test 1

Name: _____ Score: _____ /48 Time: _____

8 x 12=_____   8 x 11=_____   8 x 3=_____

8 x 4=_____   8 x 7=_____   8 x 1=_____

8 x 6=_____   8 x 7=_____   8 x 10=_____

8 x 6=_____   8 x 4=_____   8 x 3=_____

8 x 2=_____   8 x 6=_____   8 x 3=_____

8 x 5=_____   8 x 4=_____   8 x 6=_____

8 x 12=_____   8 x 6=_____   8 x 1=_____

8 x 8=_____   8 x 10=_____   8 x 8=_____

8 x 3=_____   8 x 7=_____   8 x 9=_____

8 x 6=_____   8 x 1=_____   8 x 8=_____

8 x 11=_____   8 x 10=_____   8 x 4=_____

8 x 7=_____   8 x 5=_____   8 x 5=_____

8 x 2=_____   8 x 1=_____   8 x 8=_____

8 x 8=_____   8 x 4=_____   8 x 5=_____

8 x 7=_____   8 x 9=_____   8 x 6=_____

8 x 9=_____   8 x 9=_____   8 x 10=_____

Multiplying 8's Test 1

Solutions!

8 x 12=96	8 x 11=88	8 x 3=24
8 x 4=32	8 x 7=56	8 x 1=8
8 x 6=48	8 x 7=56	8 x 10=80
8 x 6=48	8 x 4=32	8 x 3=24
8 x 2=16	8 x 6=48	8 x 3=24
8 x 5=40	8 x 4=32	8 x 6=48
8 x 12=96	8 x 6=48	8 x 1=8
8 x 8=64	8 x 10=80	8 x 8=64
8 x 3=24	8 x 7=56	8 x 9=72
8 x 6=48	8 x 1=8	8 x 8=64
8 x 11=88	8 x 10=80	8 x 4=32
8 x 7=56	8 x 5=40	8 x 5=40
8 x 2=16	8 x 1=8	8 x 8=64
8 x 8=64	8 x 4=32	8 x 5=40
8 x 7=56	8 x 9=72	8 x 6=48
8 x 9=72	8 x 9=72	8 x 10=80

Multiplying 8's Test 2

Name: _____ Score: ___/48 Time: _____

8 x 8=_____   8 x 8=_____   8 x 2=_____

8 x 8=_____   8 x 9=_____   8 x 1=_____

8 x 7=_____   8 x 12=_____   8 x 9=_____

8 x 2=_____   8 x 10=_____   8 x 10=_____

8 x 5=_____   8 x 1=_____   8 x 9=_____

8 x 3=_____   8 x 9=_____   8 x 11=_____

8 x 7=_____   8 x 4=_____   8 x 9=_____

8 x 7=_____   8 x 4=_____   8 x 4=_____

8 x 3=_____   8 x 12=_____   8 x 5=_____

8 x 10=_____   8 x 9=_____   8 x 10=_____

8 x 1=_____   8 x 5=_____   8 x 3=_____

8 x 12=_____   8 x 1=_____   8 x 11=_____

8 x 7=_____   8 x 4=_____   8 x 2=_____

8 x 5=_____   8 x 6=_____   8 x 8=_____

8 x 1=_____   8 x 12=_____   8 x 3=_____

8 x 6=_____   8 x 5=_____   8 x 10=_____

Multiplying 8's Test 2

Solutions!

8 x 8 = 64	8 x 8 = 64	8 x 2 = 16
8 x 8 = 64	8 x 9 = 72	8 x 1 = 8
8 x 7 = 56	8 x 12 = 96	8 x 9 = 72
8 x 2 = 16	8 x 10 = 80	8 x 10 = 80
8 x 5 = 40	8 x 1 = 8	8 x 9 = 72
8 x 3 = 24	8 x 9 = 72	8 x 11 = 88
8 x 7 = 56	8 x 4 = 32	8 x 9 = 72
8 x 7 = 56	8 x 4 = 32	8 x 4 = 32
8 x 3 = 24	8 x 12 = 96	8 x 5 = 40
8 x 10 = 80	8 x 9 = 72	8 x 10 = 80
8 x 1 = 8	8 x 5 = 40	8 x 3 = 24
8 x 12 = 96	8 x 1 = 8	8 x 11 = 88
8 x 7 = 56	8 x 4 = 32	8 x 2 = 16
8 x 5 = 40	8 x 6 = 48	8 x 8 = 64
8 x 1 = 8	8 x 12 = 96	8 x 3 = 24
8 x 6 = 48	8 x 5 = 40	8 x 10 = 80

Multiplying 8's Test 3

Name: _____ Score: ____ /48   Time: _____

8 x 10=_____ 8 x 8=_____ 8 x 8=_____

8 x 6=_____ 8 x 12=_____ 8 x 3=_____

8 x 8=_____ 8 x 8=_____ 8 x 9=_____

8 x 7=_____ 8 x 2=_____ 8 x 6=_____

8 x 6=_____ 8 x 10=_____ 8 x 12=_____

8 x 12=_____ 8 x 11=_____ 8 x 5=_____

8 x 10=_____ 8 x 4=_____ 8 x 8=_____

8 x 11=_____ 8 x 12=_____ 8 x 5=_____

8 x 10=_____ 8 x 9=_____ 8 x 11=_____

8 x 1=_____ 8 x 12=_____ 8 x 4=_____

8 x 5=_____ 8 x 1=_____ 8 x 5=_____

8 x 9=_____ 8 x 1=_____ 8 x 5=_____

8 x 4=_____ 8 x 11=_____ 8 x 3=_____

8 x 4=_____ 8 x 8=_____ 8 x 4=_____

8 x 5=_____ 8 x 7=_____ 8 x 11=_____

8 x 8=_____ 8 x 6=_____ 8 x 2=_____

Multiplying 8's Test 3

Solutions!

8 x 10=80	8 x 8=64	8 x 8=64
8 x 6=48	8 x 12=96	8 x 3=24
8 x 8=64	8 x 8=64	8 x 9=72
8 x 7=56	8 x 2=16	8 x 6=48
8 x 6=48	8 x 10=80	8 x 12=96
8 x 12=96	8 x 11=88	8 x 5=40
8 x 10=80	8 x 4=32	8 x 8=64
8 x 11=88	8 x 12=96	8 x 5=40
8 x 10=80	8 x 9=72	8 x 11=88
8 x 1=8	8 x 12=96	8 x 4=32
8 x 5=40	8 x 1=8	8 x 5=40
8 x 9=72	8 x 1=8	8 x 5=40
8 x 4=32	8 x 11=88	8 x 3=24
8 x 4=32	8 x 8=64	8 x 4=32
8 x 5=40	8 x 7=56	8 x 11=88
8 x 8=64	8 x 6=48	8 x 2=16

Multiplying 8's Test 4

Name: _____ Score: ____ /48 Time: _____

8 x 4=_____   8 x 12=_____   8 x 8=_____

8 x 9=_____   8 x 12=_____   8 x 6=_____

8 x 1=_____   8 x 7=_____   8 x 5=_____

8 x 4=_____   8 x 6=_____   8 x 3=_____

8 x 4=_____   8 x 9=_____   8 x 3=_____

8 x 2=_____   8 x 7=_____   8 x 9=_____

8 x 4=_____   8 x 12=_____   8 x 12=_____

8 x 10=_____   8 x 11=_____   8 x 3=_____

8 x 9=_____   8 x 10=_____   8 x 11=_____

8 x 6=_____   8 x 5=_____   8 x 7=_____

8 x 7=_____   8 x 11=_____   8 x 9=_____

8 x 5=_____   8 x 6=_____   8 x 2=_____

8 x 1=_____   8 x 7=_____   8 x 3=_____

8 x 8=_____   8 x 2=_____   8 x 10=_____

8 x 3=_____   8 x 10=_____   8 x 7=_____

8 x 2=_____   8 x 2=_____   8 x 3=_____

Multiplying 8's Test 4

Solutions!

8 x 4=32	8 x 12=96	8 x 8=64
8 x 9=72	8 x 12=96	8 x 6=48
8 x 1=8	8 x 7=56	8 x 5=40
8 x 4=32	8 x 6=48	8 x 3=24
8 x 4=32	8 x 9=72	8 x 3=24
8 x 2=16	8 x 7=56	8 x 9=72
8 x 4=32	8 x 12=96	8 x 12=96
8 x 10=80	8 x 11=88	8 x 3=24
8 x 9=72	8 x 10=80	8 x 11=88
8 x 6=48	8 x 5=40	8 x 7=56
8 x 7=56	8 x 11=88	8 x 9=72
8 x 5=40	8 x 6=48	8 x 2=16
8 x 1=8	8 x 7=56	8 x 3=24
8 x 8=64	8 x 2=16	8 x 10=80
8 x 3=24	8 x 10=80	8 x 7=56
8 x 2=16	8 x 2=16	8 x 3=24

Multiplying 9's Test 1

Name: _____ Score: ____ /48 Time: ____

9 x 10=____   9 x 5=____   9 x 12=____

9 x 4=____   9 x 5=____   9 x 3=____

9 x 6=____   9 x 7=____   9 x 12=____

9 x 2=____   9 x 12=____   9 x 3=____

9 x 1=____   9 x 10=____   9 x 5=____

9 x 5=____   9 x 7=____   9 x 3=____

9 x 8=____   9 x 6=____   9 x 8=____

9 x 7=____   9 x 8=____   9 x 2=____

9 x 4=____   9 x 5=____   9 x 11=____

9 x 3=____   9 x 9=____   9 x 4=____

9 x 6=____   9 x 9=____   9 x 3=____

9 x 4=____   9 x 9=____   9 x 11=____

9 x 3=____   9 x 2=____   9 x 6=____

9 x 4=____   9 x 10=____   9 x 6=____

9 x 7=____   9 x 5=____   9 x 10=____

9 x 4=____   9 x 9=____   9 x 10=____

Multiplying 9's Test 1

Solutions!

9 x 10=90	9 x 5=45	9 x 12=108
9 x 4=36	9 x 5=45	9 x 3=27
9 x 6=54	9 x 7=63	9 x 12=108
9 x 2=18	9 x 12=108	9 x 3=27
9 x 1=9	9 x 10=90	9 x 5=45
9 x 5=45	9 x 7=63	9 x 3=27
9 x 8=72	9 x 6=54	9 x 8=72
9 x 7=63	9 x 8=72	9 x 2=18
9 x 4=36	9 x 5=45	9 x 11=99
9 x 3=27	9 x 9=81	9 x 4=36
9 x 6=54	9 x 9=81	9 x 3=27
9 x 4=36	9 x 9=81	9 x 11=99
9 x 3=27	9 x 2=18	9 x 6=54
9 x 4=36	9 x 10=90	9 x 6=54
9 x 7=63	9 x 5=45	9 x 10=90
9 x 4=36	9 x 9=81	9 x 10=90

Multiplying 9's Test 2

Name: _____   Score: _____ /48   Time: _____

9 x 1=_____   9 x 7=_____   9 x 9=_____

9 x 4=_____   9 x 5=_____   9 x 12=_____

9 x 8=_____   9 x 6=_____   9 x 3=_____

9 x 1=_____   9 x 4=_____   9 x 10=_____

9 x 7=_____   9 x 10=_____   9 x 9=_____

9 x 10=_____   9 x 8=_____   9 x 5=_____

9 x 6=_____   9 x 9=_____   9 x 5=_____

9 x 1=_____   9 x 11=_____   9 x 2=_____

9 x 7=_____   9 x 1=_____   9 x 8=_____

9 x 12=_____   9 x 1=_____   9 x 12=_____

9 x 7=_____   9 x 9=_____   9 x 8=_____

9 x 9=_____   9 x 4=_____   9 x 4=_____

9 x 10=_____   9 x 9=_____   9 x 3=_____

9 x 5=_____   9 x 8=_____   9 x 11=_____

9 x 2=_____   9 x 11=_____   9 x 11=_____

9 x 2=_____   9 x 2=_____   9 x 12=_____

Multiplying 9's Test 2

9 x 1=9   9 x 7=63   9 x 9=81

9 x 4=36   9 x 5=45   9 x 12=108

9 x 8=72   9 x 6=54   9 x 3=27

9 x 1=9   9 x 4=36   9 x 10=90

9 x 7=63   9 x 10=90   9 x 9=81

9 x 10=90   9 x 8=72   9 x 5=45

9 x 6=54   9 x 9=81   9 x 5=45

9 x 1=9   9 x 11=99   9 x 2=18

9 x 7=63   9 x 1=9   9 x 8=72

9 x 12=108   9 x 1=9   9 x 12=108

9 x 7=63   9 x 9=81   9 x 8=72

9 x 9=81   9 x 4=36   9 x 4=36

9 x 10=90   9 x 9=81   9 x 3=27

9 x 5=45   9 x 8=72   9 x 11=99

9 x 2=18   9 x 11=99   9 x 11=99

9 x 2=18   9 x 2=18   9 x 12=108

Multiplying 9's Test 3

Name: _____ Score: _____ /48 Time: _____

9 x 8=_____   9 x 9=_____   9 x 8=_____

9 x 5=_____   9 x 9=_____   9 x 7=_____

9 x 6=_____   9 x 2=_____   9 x 11=_____

9 x 4=_____   9 x 1=_____   9 x 3=_____

9 x 2=_____   9 x 10=_____   9 x 9=_____

9 x 3=_____   9 x 11=_____   9 x 5=_____

9 x 7=_____   9 x 11=_____   9 x 8=_____

9 x 7=_____   9 x 2=_____   9 x 11=_____

9 x 12=_____   9 x 2=_____   9 x 12=_____

9 x 6=_____   9 x 7=_____   9 x 2=_____

9 x 12=_____   9 x 6=_____   9 x 1=_____

9 x 5=_____   9 x 2=_____   9 x 10=_____

9 x 7=_____   9 x 2=_____   9 x 10=_____

9 x 1=_____   9 x 10=_____   9 x 1=_____

9 x 9=_____   9 x 2=_____   9 x 10=_____

9 x 11=_____   9 x 1=_____   9 x 1=_____

Multiplying 9's Test 3

Solutions!

9 x 8=72	9 x 9=81	9 x 8=72
9 x 5=45	9 x 9=81	9 x 7=63
9 x 6=54	9 x 2=18	9 x 11=99
9 x 4=36	9 x 1=9	9 x 3=27
9 x 2=18	9 x 10=90	9 x 9=81
9 x 3=27	9 x 11=99	9 x 5=45
9 x 7=63	9 x 11=99	9 x 8=72
9 x 7=63	9 x 2=18	9 x 11=99
9 x 12=108	9 x 2=18	9 x 12=108
9 x 6=54	9 x 7=63	9 x 2=18
9 x 12=108	9 x 6=54	9 x 1=9
9 x 5=45	9 x 2=18	9 x 10=90
9 x 7=63	9 x 2=18	9 x 10=90
9 x 1=9	9 x 10=90	9 x 1=9
9 x 9=81	9 x 2=18	9 x 10=90
9 x 11=99	9 x 1=9	9 x 1=9

Multiplying 9's Test 4

Name: _____ Score: ___ /48 Time: _____

9 x 8=_____   9 x 3=_____   9 x 8=_____

9 x 6=_____   9 x 10=_____   9 x 6=_____

9 x 12=_____   9 x 6=_____   9 x 7=_____

9 x 10=_____   9 x 2=_____   9 x 4=_____

9 x 6=_____   9 x 4=_____   9 x 5=_____

9 x 5=_____   9 x 8=_____   9 x 4=_____

9 x 8=_____   9 x 8=_____   9 x 3=_____

9 x 5=_____   9 x 9=_____   9 x 4=_____

9 x 11=_____   9 x 4=_____   9 x 1=_____

9 x 9=_____   9 x 5=_____   9 x 11=_____

9 x 2=_____   9 x 12=_____   9 x 12=_____

9 x 1=_____   9 x 3=_____   9 x 12=_____

9 x 1=_____   9 x 11=_____   9 x 10=_____

9 x 3=_____   9 x 3=_____   9 x 6=_____

9 x 11=_____   9 x 4=_____   9 x 9=_____

9 x 11=_____   9 x 1=_____   9 x 12=_____

Multiplying 9's Test 4

Solutions!

9 x 8=72	9 x 3=27	9 x 8=72
9 x 6=54	9 x 10=90	9 x 6=54
9 x 12=108	9 x 6=54	9 x 7=63
9 x 10=90	9 x 2=18	9 x 4=36
9 x 6=54	9 x 4=36	9 x 5=45
9 x 5=45	9 x 8=72	9 x 4=36
9 x 8=72	9 x 8=72	9 x 3=27
9 x 5=45	9 x 9=81	9 x 4=36
9 x 11=99	9 x 4=36	9 x 1=9
9 x 9=81	9 x 5=45	9 x 11=99
9 x 2=18	9 x 12=108	9 x 12=108
9 x 1=9	9 x 3=27	9 x 12=108
9 x 1=9	9 x 11=99	9 x 10=90
9 x 3=27	9 x 3=27	9 x 6=54
9 x 11=99	9 x 4=36	9 x 9=81
9 x 11=99	9 x 1=9	9 x 12=108

Multiplying 10's Test 1

Name: _____ Score: _____ /48   Time: _____

10 x 4=_____   10 x 10=_____   10 x 12=_____

10 x 5=_____   10 x 11=_____   10 x 2=_____

10 x 8=_____   10 x 3=_____   10 x 3=_____

10 x 9=_____   10 x 12=_____   10 x 11=_____

10 x 6=_____   10 x 7=_____   10 x 11=_____

10 x 10=_____   10 x 5=_____   10 x 1=_____

10 x 11=_____   10 x 1=_____   10 x 3=_____

10 x 10=_____   10 x 4=_____   10 x 12=_____

10 x 6=_____   10 x 6=_____   10 x 4=_____

10 x 7=_____   10 x 9=_____   10 x 4=_____

10 x 4=_____   10 x 11=_____   10 x 1=_____

10 x 9=_____   10 x 8=_____   10 x 4=_____

10 x 11=_____   10 x 8=_____   10 x 7=_____

10 x 3=_____   10 x 1=_____   10 x 10=_____

10 x 1=_____   10 x 7=_____   10 x 5=_____

10 x 9=_____   10 x 9=_____   10 x 2=_____

Multiplying 10's Test 1

Solutions!

10 x 4=40	10 x 10=100	10 x 12=120
10 x 5=50	10 x 11=110	10 x 2=20
10 x 8=80	10 x 3=30	10 x 3=30
10 x 9=90	10 x 12=120	10 x 11=110
10 x 6=60	10 x 7=70	10 x 11=110
10 x 10=100	10 x 5=50	10 x 1=10
10 x 11=110	10 x 1=10	10 x 3=30
10 x 10=100	10 x 4=40	10 x 12=120
10 x 6=60	10 x 6=60	10 x 4=40
10 x 7=70	10 x 9=90	10 x 4=40
10 x 4=40	10 x 11=110	10 x 1=10
10 x 9=90	10 x 8=80	10 x 4=40
10 x 11=110	10 x 8=80	10 x 7=70
10 x 3=30	10 x 1=10	10 x 10=100
10 x 1=10	10 x 7=70	10 x 5=50
10 x 9=90	10 x 9=90	10 x 2=20

Multiplying 10's Test 2

Name: _____ Score: ____ /48 Time: _____

10 x 1=_____   10 x 9=_____   10 x 10=_____

10 x 4=_____   10 x 8=_____   10 x 8=_____

10 x 5=_____   10 x 2=_____   10 x 5=_____

10 x 3=_____   10 x 9=_____   10 x 5=_____

10 x 10=_____   10 x 7=_____   10 x 12=_____

10 x 4=_____   10 x 12=_____   10 x 5=_____

10 x 8=_____   10 x 1=_____   10 x 6=_____

10 x 6=_____   10 x 8=_____   10 x 3=_____

10 x 7=_____   10 x 6=_____   10 x 2=_____

10 x 10=_____   10 x 8=_____   10 x 4=_____

10 x 5=_____   10 x 3=_____   10 x 6=_____

10 x 9=_____   10 x 11=_____   10 x 10=_____

10 x 11=_____   10 x 2=_____   10 x 2=_____

10 x 2=_____   10 x 8=_____   10 x 6=_____

10 x 5=_____   10 x 7=_____   10 x 12=_____

10 x 8=_____   10 x 12=_____   10 x 3=_____

Multiplying 10's Test 2

Solutions!

10 x 1=10   10 x 9=90   10 x 10=100

10 x 4=40   10 x 8=80   10 x 8=80

10 x 5=50   10 x 2=20   10 x 5=50

10 x 3=30   10 x 9=90   10 x 5=50

10 x 10=100   10 x 7=70   10 x 12=120

10 x 4=40   10 x 12=120   10 x 5=50

10 x 8=80   10 x 1=10   10 x 6=60

10 x 6=60   10 x 8=80   10 x 3=30

10 x 7=70   10 x 6=60   10 x 2=20

10 x 10=100   10 x 8=80   10 x 4=40

10 x 5=50   10 x 3=30   10 x 6=60

10 x 9=90   10 x 11=110   10 x 10=100

10 x 11=110   10 x 2=20   10 x 2=20

10 x 2=20   10 x 8=80   10 x 6=60

10 x 5=50   10 x 7=70   10 x 12=120

10 x 8=80   10 x 12=120   10 x 3=30

Multiplying 10's Test 3

Name: _____ Score: _____ /48 Time: _____

10 x 5=_____	10 x 10=_____	10 x 2=_____
10 x 12=_____	10 x 11=_____	10 x 2=_____
10 x 11=_____	10 x 2=_____	10 x 9=_____
10 x 9=_____	10 x 8=_____	10 x 4=_____
10 x 1=_____	10 x 6=_____	10 x 9=_____
10 x 7=_____	10 x 12=_____	10 x 4=_____
10 x 11=_____	10 x 5=_____	10 x 10=_____
10 x 4=_____	10 x 4=_____	10 x 3=_____
10 x 1=_____	10 x 3=_____	10 x 9=_____
10 x 12=_____	10 x 8=_____	10 x 11=_____
10 x 1=_____	10 x 10=_____	10 x 4=_____
10 x 12=_____	10 x 4=_____	10 x 6=_____
10 x 8=_____	10 x 9=_____	10 x 5=_____
10 x 10=_____	10 x 7=_____	10 x 2=_____
10 x 12=_____	10 x 1=_____	10 x 2=_____
10 x 9=_____	10 x 3=_____	10 x 7=_____

Multiplying 10's Test 3

Solutions!

10 x 5=50	10 x 10=100	10 x 2=20
10 x 12=120	10 x 11=110	10 x 2=20
10 x 11=110	10 x 2=20	10 x 9=90
10 x 9=90	10 x 8=80	10 x 4=40
10 x 1=10	10 x 6=60	10 x 9=90
10 x 7=70	10 x 12=120	10 x 4=40
10 x 11=110	10 x 5=50	10 x 10=100
10 x 4=40	10 x 4=40	10 x 3=30
10 x 1=10	10 x 3=30	10 x 9=90
10 x 12=120	10 x 8=80	10 x 11=110
10 x 1=10	10 x 10=100	10 x 4=40
10 x 12=120	10 x 4=40	10 x 6=60
10 x 8=80	10 x 9=90	10 x 5=50
10 x 10=100	10 x 7=70	10 x 2=20
10 x 12=120	10 x 1=10	10 x 2=20
10 x 9=90	10 x 3=30	10 x 7=70

Multiplying 10's Test 4

Name: _____   Score: _____ /48   Time: _____

10 x 1=_____   10 x 7=_____   10 x 7=_____

10 x 6=_____   10 x 8=_____   10 x 12=_____

10 x 8=_____   10 x 6=_____   10 x 1=_____

10 x 8=_____   10 x 11=_____   10 x 1=_____

10 x 4=_____   10 x 6=_____   10 x 4=_____

10 x 2=_____   10 x 10=_____   10 x 10=_____

10 x 1=_____   10 x 2=_____   10 x 6=_____

10 x 4=_____   10 x 7=_____   10 x 9=_____

10 x 1=_____   10 x 5=_____   10 x 11=_____

10 x 8=_____   10 x 1=_____   10 x 3=_____

10 x 5=_____   10 x 12=_____   10 x 11=_____

10 x 3=_____   10 x 3=_____   10 x 12=_____

10 x 10=_____   10 x 7=_____   10 x 5=_____

10 x 6=_____   10 x 10=_____   10 x 2=_____

10 x 5=_____   10 x 8=_____   10 x 11=_____

10 x 4=_____   10 x 9=_____   10 x 7=_____

Multiplying 10's Test 4

Solutions!

10 x 1=10	10 x 7=70	10 x 7=70
10 x 6=60	10 x 8=80	10 x 12=120
10 x 8=80	10 x 6=60	10 x 1=10
10 x 8=80	10 x 11=110	10 x 1=10
10 x 4=40	10 x 6=60	10 x 4=40
10 x 2=20	10 x 10=100	10 x 10=100
10 x 1=10	10 x 2=20	10 x 6=60
10 x 4=40	10 x 7=70	10 x 9=90
10 x 1=10	10 x 5=50	10 x 11=110
10 x 8=80	10 x 1=10	10 x 3=30
10 x 5=50	10 x 12=120	10 x 11=110
10 x 3=30	10 x 3=30	10 x 12=120
10 x 10=100	10 x 7=70	10 x 5=50
10 x 6=60	10 x 10=100	10 x 2=20
10 x 5=50	10 x 8=80	10 x 11=110
10 x 4=40	10 x 9=90	10 x 7=70

Multiplying 11's Test 1

Name: _____   Score: _____ /48   Time: _____

11 x 9=_____	11 x 9=_____	11 x 10=_____
11 x 12=_____	11 x 12=_____	11 x 7=_____
11 x 4=_____	11 x 9=_____	11 x 5=_____
11 x 4=_____	11 x 2=_____	11 x 8=_____
11 x 1=_____	11 x 5=_____	11 x 3=_____
11 x 2=_____	11 x 3=_____	11 x 4=_____
11 x 4=_____	11 x 3=_____	11 x 2=_____
11 x 7=_____	11 x 6=_____	11 x 1=_____
11 x 1=_____	11 x 8=_____	11 x 3=_____
11 x 12=_____	11 x 11=_____	11 x 4=_____
11 x 10=_____	11 x 6=_____	11 x 8=_____
11 x 8=_____	11 x 11=_____	11 x 10=_____
11 x 11=_____	11 x 6=_____	11 x 11=_____
11 x 8=_____	11 x 8=_____	11 x 2=_____
11 x 1=_____	11 x 2=_____	11 x 10=_____
11 x 3=_____	11 x 11=_____	11 x 7=_____

Multiplying 11's Test 1

Solutions!

11 x 9=99	11 x 9=99	11 x 10=110
11 x 12=132	11 x 12=132	11 x 7=77
11 x 4=44	11 x 9=99	11 x 5=55
11 x 4=44	11 x 2=22	11 x 8=88
11 x 1=11	11 x 5=55	11 x 3=33
11 x 2=22	11 x 3=33	11 x 4=44
11 x 4=44	11 x 3=33	11 x 2=22
11 x 7=77	11 x 6=66	11 x 1=11
11 x 1=11	11 x 8=88	11 x 3=33
11 x 12=132	11 x 11=121	11 x 4=44
11 x 10=110	11 x 6=66	11 x 8=88
11 x 8=88	11 x 11=121	11 x 10=110
11 x 11=121	11 x 6=66	11 x 11=121
11 x 8=88	11 x 8=88	11 x 2=22
11 x 1=11	11 x 2=22	11 x 10=110
11 x 3=33	11 x 11=121	11 x 7=77

Multiplying 11's Test 2

Name: _____ Score: _____ /48 Time: _____

11 x 5=_____   11 x 10=_____   11 x 9=_____

11 x 9=_____   11 x 9=_____   11 x 7=_____

11 x 6=_____   11 x 5=_____   11 x 7=_____

11 x 4=_____   11 x 12=_____   11 x 2=_____

11 x 2=_____   11 x 7=_____   11 x 4=_____

11 x 1=_____   11 x 5=_____   11 x 5=_____

11 x 12=_____   11 x 8=_____   11 x 1=_____

11 x 9=_____   11 x 10=_____   11 x 8=_____

11 x 11=_____   11 x 3=_____   11 x 12=_____

11 x 7=_____   11 x 8=_____   11 x 9=_____

11 x 10=_____   11 x 3=_____   11 x 11=_____

11 x 5=_____   11 x 1=_____   11 x 3=_____

11 x 6=_____   11 x 9=_____   11 x 11=_____

11 x 6=_____   11 x 12=_____   11 x 7=_____

11 x 6=_____   11 x 7=_____   11 x 2=_____

11 x 6=_____   11 x 9=_____   11 x 6=_____

Multiplying 11's Test 2

Solutions!

11 x 5=55	11 x 10=110	11 x 9=99
11 x 9=99	11 x 9=99	11 x 7=77
11 x 6=66	11 x 5=55	11 x 7=77
11 x 4=44	11 x 12=132	11 x 2=22
11 x 2=22	11 x 7=77	11 x 4=44
11 x 1=11	11 x 5=55	11 x 5=55
11 x 12=132	11 x 8=88	11 x 1=11
11 x 9=99	11 x 10=110	11 x 8=88
11 x 11=121	11 x 3=33	11 x 12=132
11 x 7=77	11 x 8=88	11 x 9=99
11 x 10=110	11 x 3=33	11 x 11=121
11 x 5=55	11 x 1=11	11 x 3=33
11 x 6=66	11 x 9=99	11 x 11=121
11 x 6=66	11 x 12=132	11 x 7=77
11 x 6=66	11 x 7=77	11 x 2=22
11 x 6=66	11 x 9=99	11 x 6=66

Multiplying 11's Test 3

Name: _____ Score: ____/48 Time: _____

11 x 4= _____	11 x 2= _____	11 x 12= _____
11 x 1= _____	11 x 3= _____	11 x 10= _____
11 x 5= _____	11 x 8= _____	11 x 4= _____
11 x 2= _____	11 x 7= _____	11 x 10= _____
11 x 8= _____	11 x 11= _____	11 x 2= _____
11 x 3= _____	11 x 1= _____	11 x 6= _____
11 x 12= _____	11 x 8= _____	11 x 5= _____
11 x 12= _____	11 x 7= _____	11 x 12= _____
11 x 4= _____	11 x 5= _____	11 x 7= _____
11 x 2= _____	11 x 10= _____	11 x 11= _____
11 x 11= _____	11 x 7= _____	11 x 5= _____
11 x 2= _____	11 x 2= _____	11 x 3= _____
11 x 10= _____	11 x 10= _____	11 x 9= _____
11 x 6= _____	11 x 2= _____	11 x 4= _____
11 x 5= _____	11 x 9= _____	11 x 3= _____
11 x 2= _____	11 x 10= _____	11 x 8= _____

Multiplying 11's Test 3

Solutions!

11 x 4=44	11 x 2=22	11 x 12=132
11 x 1=11	11 x 3=33	11 x 10=110
11 x 5=55	11 x 8=88	11 x 4=44
11 x 2=22	11 x 7=77	11 x 10=110
11 x 8=88	11 x 11=121	11 x 2=22
11 x 3=33	11 x 1=11	11 x 6=66
11 x 12=132	11 x 8=88	11 x 5=55
11 x 12=132	11 x 7=77	11 x 12=132
11 x 4=44	11 x 5=55	11 x 7=77
11 x 2=22	11 x 10=110	11 x 11=121
11 x 11=121	11 x 7=77	11 x 5=55
11 x 2=22	11 x 2=22	11 x 3=33
11 x 10=110	11 x 10=110	11 x 9=99
11 x 6=66	11 x 2=22	11 x 4=44
11 x 5=55	11 x 9=99	11 x 3=33
11 x 2=22	11 x 10=110	11 x 8=88

Multiplying 11's Test 4

Name: _____ Score: ___/48 Time: _____

11 x 11=_____	11 x 9=_____	11 x 11=_____
11 x 12=_____	11 x 6=_____	11 x 10=_____
11 x 9=_____	11 x 11=_____	11 x 4=_____
11 x 8=_____	11 x 3=_____	11 x 7=_____
11 x 11=_____	11 x 10=_____	11 x 12=_____
11 x 1=_____	11 x 9=_____	11 x 4=_____
11 x 8=_____	11 x 8=_____	11 x 6=_____
11 x 6=_____	11 x 7=_____	11 x 7=_____
11 x 10=_____	11 x 12=_____	11 x 1=_____
11 x 5=_____	11 x 12=_____	11 x 3=_____
11 x 6=_____	11 x 3=_____	11 x 8=_____
11 x 6=_____	11 x 4=_____	11 x 3=_____
11 x 6=_____	11 x 4=_____	11 x 12=_____
11 x 8=_____	11 x 11=_____	11 x 11=_____
11 x 2=_____	11 x 9=_____	11 x 9=_____
11 x 3=_____	11 x 8=_____	11 x 4=_____

Multiplying 11's Test 4

Solutions!

11 x 11=121   11 x 9=99   11 x 11=121

11 x 12=132   11 x 6=66   11 x 10=110

11 x 9=99   11 x 11=121   11 x 4=44

11 x 8=88   11 x 3=33   11 x 7=77

11 x 11=121   11 x 10=110   11 x 12=132

11 x 1=11   11 x 9=99   11 x 4=44

11 x 8=88   11 x 8=88   11 x 6=66

11 x 6=66   11 x 7=77   11 x 7=77

11 x 10=110   11 x 12=132   11 x 1=11

11 x 5=55   11 x 12=132   11 x 3=33

11 x 6=66   11 x 3=33   11 x 8=88

11 x 6=66   11 x 4=44   11 x 3=33

11 x 6=66   11 x 4=44   11 x 12=132

11 x 8=88   11 x 11=121   11 x 11=121

11 x 2=22   11 x 9=99   11 x 9=99

11 x 3=33   11 x 8=88   11 x 4=44

Multiplying 12's Test 1

Name: _____   Score: ___/48   Time: _____

12 x 5=_____   12 x 7=_____   12 x 11=_____

12 x 3=_____   12 x 5=_____   12 x 4=_____

12 x 7=_____   12 x 7=_____   12 x 5=_____

12 x 8=_____   12 x 12=_____   12 x 12=_____

12 x 1=_____   12 x 6=_____   12 x 10=_____

12 x 12=_____   12 x 9=_____   12 x 3=_____

12 x 6=_____   12 x 6=_____   12 x 4=_____

12 x 1=_____   12 x 6=_____   12 x 8=_____

12 x 12=_____   12 x 12=_____   12 x 8=_____

12 x 8=_____   12 x 11=_____   12 x 5=_____

12 x 6=_____   12 x 7=_____   12 x 9=_____

12 x 9=_____   12 x 6=_____   12 x 1=_____

12 x 3=_____   12 x 3=_____   12 x 12=_____

12 x 4=_____   12 x 11=_____   12 x 7=_____

12 x 8=_____   12 x 3=_____   12 x 4=_____

12 x 4=_____   12 x 3=_____   12 x 7=_____

Multiplying 12's Test 1

Solutions!

12 x 5=60	12 x 7=84	12 x 11=132
12 x 3=36	12 x 5=60	12 x 4=48
12 x 7=84	12 x 7=84	12 x 5=60
12 x 8=96	12 x 12=144	12 x 12=144
12 x 1=12	12 x 6=72	12 x 10=120
12 x 12=144	12 x 9=108	12 x 3=36
12 x 6=72	12 x 6=72	12 x 4=48
12 x 1=12	12 x 6=72	12 x 8=96
12 x 12=144	12 x 12=144	12 x 8=96
12 x 8=96	12 x 11=132	12 x 5=60
12 x 6=72	12 x 7=84	12 x 9=108
12 x 9=108	12 x 6=72	12 x 1=12
12 x 3=36	12 x 3=36	12 x 12=144
12 x 4=48	12 x 11=132	12 x 7=84
12 x 8=96	12 x 3=36	12 x 4=48
12 x 4=48	12 x 3=36	12 x 7=84

Multiplying 12's Test 2

Name: _____   Score: _____ /48   Time: _____

12 x 2=_____	12 x 4=_____	12 x 9=_____
12 x 2=_____	12 x 6=_____	12 x 1=_____
12 x 4=_____	12 x 10=_____	12 x 9=_____
12 x 6=_____	12 x 3=_____	12 x 3=_____
12 x 2=_____	12 x 9=_____	12 x 11=_____
12 x 12=_____	12 x 7=_____	12 x 5=_____
12 x 11=_____	12 x 6=_____	12 x 10=_____
12 x 4=_____	12 x 12=_____	12 x 4=_____
12 x 5=_____	12 x 8=_____	12 x 5=_____
12 x 1=_____	12 x 12=_____	12 x 1=_____
12 x 12=_____	12 x 7=_____	12 x 7=_____
12 x 1=_____	12 x 9=_____	12 x 8=_____
12 x 10=_____	12 x 10=_____	12 x 11=_____
12 x 10=_____	12 x 8=_____	12 x 10=_____
12 x 2=_____	12 x 5=_____	12 x 2=_____
12 x 7=_____	12 x 9=_____	12 x 11=_____

Multiplying 12's Test 2

Solutions!

12 x 2=24

12 x 2=24

12 x 4=48

12 x 6=72

12 x 2=24

12 x 12=144

12 x 11=132

12 x 4=48

12 x 5=60

12 x 1=12

12 x 12=144

12 x 1=12

12 x 10=120

12 x 10=120

12 x 2=24

12 x 7=84

12 x 4=48

12 x 6=72

12 x 10=120

12 x 3=36

12 x 9=108

12 x 7=84

12 x 6=72

12 x 12=144

12 x 8=96

12 x 12=144

12 x 7=84

12 x 9=108

12 x 10=120

12 x 8=96

12 x 5=60

12 x 9=108

12 x 9=108

12 x 1=12

12 x 9=108

12 x 3=36

12 x 11=132

12 x 5=60

12 x 10=120

12 x 4=48

12 x 5=60

12 x 1=12

12 x 7=84

12 x 8=96

12 x 11=132

12 x 10=120

12 x 2=24

12 x 11=132

Multiplying 12's Test 3

Name: _____   Score: _____ /48   Time: _____

12 x 12=_____   12 x 1=_____   12 x 12=_____

12 x 11=_____   12 x 7=_____   12 x 2=_____

12 x 7=_____   12 x 5=_____   12 x 9=_____

12 x 10=_____   12 x 3=_____   12 x 4=_____

12 x 7=_____   12 x 10=_____   12 x 9=_____

12 x 3=_____   12 x 6=_____   12 x 8=_____

12 x 2=_____   12 x 12=_____   12 x 5=_____

12 x 4=_____   12 x 5=_____   12 x 6=_____

12 x 4=_____   12 x 5=_____   12 x 12=_____

12 x 9=_____   12 x 1=_____   12 x 2=_____

12 x 11=_____   12 x 4=_____   12 x 6=_____

12 x 10=_____   12 x 9=_____   12 x 2=_____

12 x 4=_____   12 x 1=_____   12 x 12=_____

12 x 10=_____   12 x 11=_____   12 x 1=_____

12 x 3=_____   12 x 1=_____   12 x 5=_____

12 x 11=_____   12 x 1=_____   12 x 3=_____

Multiplying 12's Test 3

Solutions!

12 x 12=144	12 x 1=12	12 x 12=144
12 x 11=132	12 x 7=84	12 x 2=24
12 x 7=84	12 x 5=60	12 x 9=108
12 x 10=120	12 x 3=36	12 x 4=48
12 x 7=84	12 x 10=120	12 x 9=108
12 x 3=36	12 x 6=72	12 x 8=96
12 x 2=24	12 x 12=144	12 x 5=60
12 x 4=48	12 x 5=60	12 x 6=72
12 x 4=48	12 x 5=60	12 x 12=144
12 x 9=108	12 x 1=12	12 x 2=24
12 x 11=132	12 x 4=48	12 x 6=72
12 x 10=120	12 x 9=108	12 x 2=24
12 x 4=48	12 x 1=12	12 x 12=144
12 x 10=120	12 x 11=132	12 x 1=12
12 x 3=36	12 x 1=12	12 x 5=60
12 x 11=132	12 x 1=12	12 x 3=36

Multiplying 12's Test 4

Name: _____ Score: ___/48 Time: _____

12 x 6=_____   12 x 11=_____   12 x 1=_____

12 x 8=_____   12 x 10=_____   12 x 8=_____

12 x 7=_____   12 x 1=_____   12 x 2=_____

12 x 4=_____   12 x 2=_____   12 x 10=_____

12 x 6=_____   12 x 3=_____   12 x 11=_____

12 x 4=_____   12 x 1=_____   12 x 7=_____

12 x 5=_____   12 x 10=_____   12 x 10=_____

12 x 11=_____   12 x 5=_____   12 x 8=_____

12 x 8=_____   12 x 1=_____   12 x 2=_____

12 x 12=_____   12 x 6=_____   12 x 11=_____

12 x 6=_____   12 x 9=_____   12 x 6=_____

12 x 12=_____   12 x 4=_____   12 x 3=_____

12 x 9=_____   12 x 2=_____   12 x 9=_____

12 x 11=_____   12 x 8=_____   12 x 3=_____

12 x 5=_____   12 x 6=_____   12 x 4=_____

12 x 12=_____   12 x 9=_____   12 x 7=_____

Multiplying 12's Test 4

Solutions!

12 x 6 = 72	12 x 11 = 132	12 x 1 = 12
12 x 8 = 96	12 x 10 = 120	12 x 8 = 96
12 x 7 = 84	12 x 1 = 12	12 x 2 = 24
12 x 4 = 48	12 x 2 = 24	12 x 10 = 120
12 x 6 = 72	12 x 3 = 36	12 x 11 = 132
12 x 4 = 48	12 x 1 = 12	12 x 7 = 84
12 x 5 = 60	12 x 10 = 120	12 x 10 = 120
12 x 11 = 132	12 x 5 = 60	12 x 8 = 96
12 x 8 = 96	12 x 1 = 12	12 x 2 = 24
12 x 12 = 144	12 x 6 = 72	12 x 11 = 132
12 x 6 = 72	12 x 9 = 108	12 x 6 = 72
12 x 12 = 144	12 x 4 = 48	12 x 3 = 36
12 x 9 = 108	12 x 2 = 24	12 x 9 = 108
12 x 11 = 132	12 x 8 = 96	12 x 3 = 36
12 x 5 = 60	12 x 6 = 72	12 x 4 = 48
12 x 12 = 144	12 x 9 = 108	12 x 7 = 84

Multiplying Mix Test 1

Name: _____   Score: ____ /48   Time: _____

9 x 5=_____   8 x 11=_____   6 x 9=_____

10 x 7=_____   9 x 2=_____   3 x 12=_____

1 x 2=_____   11 x 6=_____   11 x 3=_____

4 x 1=_____   2 x 7=_____   6 x 4=_____

11 x 10=_____   5 x 4=_____   11 x 4=_____

0 x 7=_____   10 x 4=_____   12 x 5=_____

8 x 10=_____   8 x 5=_____   1 x 7=_____

12 x 10=_____   4 x 5=_____   0 x 3=_____

7 x 1=_____   5 x 6=_____   5 x 2=_____

1 x 6=_____   6 x 12=_____   0 x 4=_____

5 x 1=_____   1 x 12=_____   12 x 4=_____

9 x 4=_____   8 x 1=_____   4 x 6=_____

0 x 5=_____   6 x 10=_____   7 x 7=_____

11 x 7=_____   8 x 4=_____   5 x 11=_____

10 x 12=_____   2 x 6=_____   5 x 3=_____

6 x 3=_____   7 x 4=_____   12 x 3=_____

Multiplying Mix Test 1

Solutions!

9 x 5=45	8 x 11=88	6 x 9=54
10 x 7=70	9 x 2=18	3 x 12=36
1 x 2=2	11 x 6=66	11 x 3=33
4 x 1=4	2 x 7=14	6 x 4=24
11 x 10=110	5 x 4=20	11 x 4=44
0 x 7=0	10 x 4=40	12 x 5=60
8 x 10=80	8 x 5=40	1 x 7=7
12 x 10=120	4 x 5=20	0 x 3=0
7 x 1=7	5 x 6=30	5 x 2=10
1 x 6=6	6 x 12=72	0 x 4=0
5 x 1=5	1 x 12=12	12 x 4=48
9 x 4=36	8 x 1=8	4 x 6=24
0 x 5=0	6 x 10=60	7 x 7=49
11 x 7=77	8 x 4=32	5 x 11=55
10 x 12=120	2 x 6=12	5 x 3=15
6 x 3=18	7 x 4=28	12 x 3=36

Multiplying Mix Test 2

Name: _____ Score: ___ /48 Time: _____

6 x 1=____	3 x 7=____	8 x 6=____
7 x 8=____	4 x 10=____	7 x 2=____
10 x 8=____	12 x 9=____	9 x 11=____
0 x 9=____	11 x 8=____	1 x 5=____
2 x 10=____	4 x 2=____	3 x 4=____
5 x 5=____	0 x 10=____	10 x 2=____
4 x 9=____	2 x 4=____	5 x 8=____
5 x 7=____	5 x 9=____	9 x 6=____
4 x 8=____	11 x 1=____	8 x 9=____
12 x 7=____	2 x 9=____	4 x 12=____
6 x 5=____	11 x 9=____	7 x 6=____
9 x 7=____	4 x 7=____	2 x 8=____
7 x 10=____	10 x 10=____	6 x 11=____
12 x 2=____	3 x 11=____	9 x 12=____
12 x 11=____	12 x 1=____	12 x 6=____
1 x 3=____	2 x 11=____	3 x 3=____

Multiplying Mix Test 2

Solutions!

$6 \times 1 = 6$

$7 \times 8 = 56$

$10 \times 8 = 80$

$0 \times 9 = 0$

$2 \times 10 = 20$

$5 \times 5 = 25$

$4 \times 9 = 36$

$5 \times 7 = 35$

$4 \times 8 = 32$

$12 \times 7 = 84$

$6 \times 5 = 30$

$9 \times 7 = 63$

$7 \times 10 = 70$

$12 \times 2 = 24$

$12 \times 11 = 132$

$1 \times 3 = 3$

$3 \times 7 = 21$

$4 \times 10 = 40$

$12 \times 9 = 108$

$11 \times 8 = 88$

$4 \times 2 = 8$

$0 \times 10 = 0$

$2 \times 4 = 8$

$5 \times 9 = 45$

$11 \times 1 = 11$

$2 \times 9 = 18$

$11 \times 9 = 99$

$4 \times 7 = 28$

$10 \times 10 = 100$

$3 \times 11 = 33$

$12 \times 1 = 12$

$2 \times 11 = 22$

$8 \times 6 = 48$

$7 \times 2 = 14$

$9 \times 11 = 99$

$1 \times 5 = 5$

$3 \times 4 = 12$

$10 \times 2 = 20$

$5 \times 8 = 40$

$9 \times 6 = 54$

$8 \times 9 = 72$

$4 \times 12 = 48$

$7 \times 6 = 42$

$2 \times 8 = 16$

$6 \times 11 = 66$

$9 \times 12 = 108$

$12 \times 6 = 72$

$3 \times 3 = 9$

Multiplying Mix Test 3

Name: _____ Score: ____ /48 Time: _____

7 x 4 = _____   7 x 5 = _____   4 x 10 = _____

12 x 1 = _____   12 x 3 = _____   11 x 10 = _____

4 x 4 = _____   0 x 8 = _____   2 x 5 = _____

0 x 3 = _____   1 x 1 = _____   4 x 3 = _____

3 x 5 = _____   7 x 7 = _____   6 x 6 = _____

10 x 11 = _____   11 x 9 = _____   1 x 9 = _____

7 x 3 = _____   7 x 10 = _____   4 x 6 = _____

4 x 11 = _____   4 x 5 = _____   1 x 8 = _____

0 x 10 = _____   11 x 2 = _____   8 x 9 = _____

5 x 10 = _____   9 x 4 = _____   9 x 11 = _____

7 x 12 = _____   10 x 5 = _____   5 x 1 = _____

2 x 3 = _____   6 x 5 = _____   9 x 5 = _____

1 x 12 = _____   4 x 9 = _____   2 x 10 = _____

6 x 4 = _____   0 x 2 = _____   1 x 4 = _____

3 x 4 = _____   2 x 7 = _____   2 x 4 = _____

10 x 8 = _____   2 x 2 = _____   10 x 1 = _____

Multiplying Mix Test 3

Solutions!

7 x 4=28	7 x 5=35	4 x 10=40
12 x 1=12	12 x 3=36	11 x 10=110
4 x 4=16	0 x 8=0	2 x 5=10
0 x 3=0	1 x 1=1	4 x 3=12
3 x 5=15	7 x 7=49	6 x 6=36
10 x 11=110	11 x 9=99	1 x 9=9
7 x 3=21	7 x 10=70	4 x 6=24
4 x 11=44	4 x 5=20	1 x 8=8
0 x 10=0	11 x 2=22	8 x 9=72
5 x 10=50	9 x 4=36	9 x 11=99
7 x 12=84	10 x 5=50	5 x 1=5
2 x 3=6	6 x 5=30	9 x 5=45
1 x 12=12	4 x 9=36	2 x 10=20
6 x 4=24	0 x 2=0	1 x 4=4
3 x 4=12	2 x 7=14	2 x 4=8
10 x 8=80	2 x 2=4	10 x 1=10

Multiplying Mix Test 4

Name: _____ Score: ___ /48 Time: _____

12 x 10=_____   3 x 9=_____   4 x 2=_____

12 x 5=_____   9 x 6=_____   5 x 2=_____

0 x 9=_____   9 x 12=_____   12 x 4=_____

4 x 1=_____   9 x 9=_____   6 x 10=_____

11 x 6=_____   7 x 11=_____   9 x 1=_____

0 x 1=_____   9 x 8=_____   12 x 11=_____

11 x 12=_____   0 x 7=_____   12 x 8=_____

7 x 6=_____   10 x 12=_____   1 x 10=_____

12 x 12=_____   1 x 7=_____   0 x 6=_____

9 x 10=_____   5 x 3=_____   8 x 3=_____

6 x 3=_____   8 x 12=_____   9 x 7=_____

0 x 12=_____   3 x 12=_____   1 x 2=_____

11 x 7=_____   3 x 6=_____   3 x 1=_____

11 x 1=_____   8 x 1=_____   7 x 9=_____

6 x 9=_____   12 x 6=_____   6 x 7=_____

4 x 8=_____   8 x 4=_____   2 x 8=_____

Multiplying Mix Test 4

Solutions!

12 x 10=120	3 x 9=27	4 x 2=8
12 x 5=60	9 x 6=54	5 x 2=10
0 x 9=0	9 x 12=108	12 x 4=48
4 x 1=4	9 x 9=81	6 x 10=60
11 x 6=66	7 x 11=77	9 x 1=9
0 x 1=0	9 x 8=72	12 x 11=132
11 x 12=132	0 x 7=0	12 x 8=96
7 x 6=42	10 x 12=120	1 x 10=10
12 x 12=144	1 x 7=7	0 x 6=0
9 x 10=90	5 x 3=15	8 x 3=24
6 x 3=18	8 x 12=96	9 x 7=63
0 x 12=0	3 x 12=36	1 x 2=2
11 x 7=77	3 x 6=18	3 x 1=3
11 x 1=11	8 x 1=8	7 x 9=63
6 x 9=54	12 x 6=72	6 x 7=42
4 x 8=32	8 x 4=32	2 x 8=16

Multiplying Wheel 1

Name: _____   Score: _____ /72   Time: _____

Complete the circle by multiplying the number in the center by the middle ring to get the outer numbers

a)
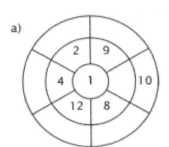

b)
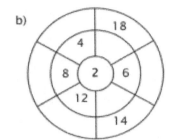

c)
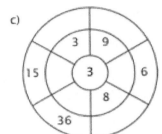

d)
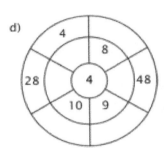

e)
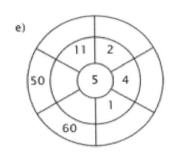

f)
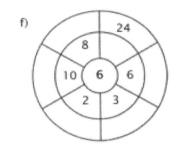

g)
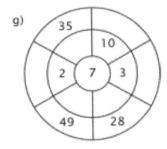

h)
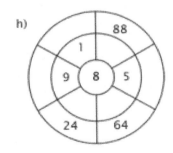

i)
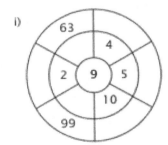

j)
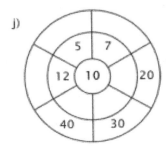

k)
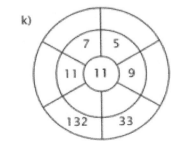

l)
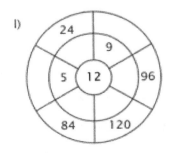

Multiplying Wheel 2

Name: _____ Score: ___ /72 Time: ___

Complete the circle by multiplying the number in the center by the middle ring to get the outer numbers

a)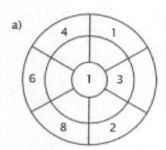

b)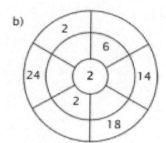

c)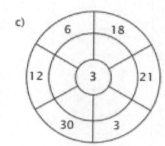

d)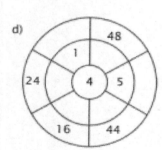

e)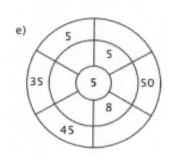

f)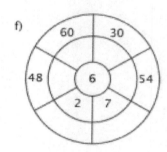

g)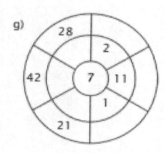

h)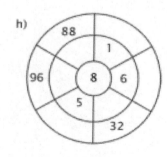

i)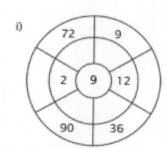

j)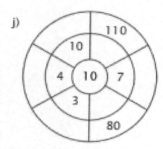

k)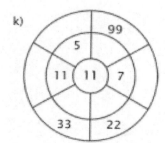

l)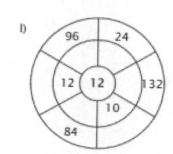

Multiplying Grid 1

Name: _____ Score: _____ /25 Time: _____

Complete each grid in the fastest time possible try to complete the whole thing in under 60 seconds!

$$
\begin{array}{r} 12 \\ \times\ 10 \\ \hline \end{array}
\qquad
\begin{array}{r} 1 \\ \times\ 9 \\ \hline \end{array}
\qquad
\begin{array}{r} 6 \\ \times\ 9 \\ \hline \end{array}
\qquad
\begin{array}{r} 6 \\ \times\ 8 \\ \hline \end{array}
\qquad
\begin{array}{r} 8 \\ \times\ 4 \\ \hline \end{array}
$$

$$
\begin{array}{r} 5 \\ \times\ 8 \\ \hline \end{array}
\qquad
\begin{array}{r} 4 \\ \times\ 7 \\ \hline \end{array}
\qquad
\begin{array}{r} 9 \\ \times\ 5 \\ \hline \end{array}
\qquad
\begin{array}{r} 10 \\ \times\ 11 \\ \hline \end{array}
\qquad
\begin{array}{r} 2 \\ \times\ 2 \\ \hline \end{array}
$$

$$
\begin{array}{r} 9 \\ \times\ 10 \\ \hline \end{array}
\qquad
\begin{array}{r} 11 \\ \times\ 5 \\ \hline \end{array}
\qquad
\begin{array}{r} 4 \\ \times\ 3 \\ \hline \end{array}
\qquad
\begin{array}{r} 5 \\ \times\ 1 \\ \hline \end{array}
\qquad
\begin{array}{r} 4 \\ \times\ 6 \\ \hline \end{array}
$$

$$
\begin{array}{r} 11 \\ \times\ 7 \\ \hline \end{array}
\qquad
\begin{array}{r} 9 \\ \times\ 8 \\ \hline \end{array}
\qquad
\begin{array}{r} 9 \\ \times\ 9 \\ \hline \end{array}
\qquad
\begin{array}{r} 1 \\ \times\ 5 \\ \hline \end{array}
\qquad
\begin{array}{r} 11 \\ \times\ 10 \\ \hline \end{array}
$$

$$
\begin{array}{r} 5 \\ \times\ 3 \\ \hline \end{array}
\qquad
\begin{array}{r} 3 \\ \times\ 8 \\ \hline \end{array}
\qquad
\begin{array}{r} 2 \\ \times\ 7 \\ \hline \end{array}
\qquad
\begin{array}{r} 3 \\ \times\ 10 \\ \hline \end{array}
\qquad
\begin{array}{r} 1 \\ \times\ 2 \\ \hline \end{array}
$$

Multiplying Grid 1
Solutions!

$\begin{array}{r} 12 \\ \times\ 10 \\ \hline 120 \end{array}$	$\begin{array}{r} 1 \\ \times\ 9 \\ \hline 9 \end{array}$	$\begin{array}{r} 6 \\ \times\ 9 \\ \hline 54 \end{array}$	$\begin{array}{r} 6 \\ \times\ 8 \\ \hline 48 \end{array}$	$\begin{array}{r} 8 \\ \times\ 4 \\ \hline 32 \end{array}$
$\begin{array}{r} 5 \\ \times\ 8 \\ \hline 40 \end{array}$	$\begin{array}{r} 4 \\ \times\ 7 \\ \hline 28 \end{array}$	$\begin{array}{r} 9 \\ \times\ 5 \\ \hline 45 \end{array}$	$\begin{array}{r} 10 \\ \times\ 11 \\ \hline 110 \end{array}$	$\begin{array}{r} 2 \\ \times\ 2 \\ \hline 4 \end{array}$
$\begin{array}{r} 9 \\ \times\ 10 \\ \hline 90 \end{array}$	$\begin{array}{r} 11 \\ \times\ 5 \\ \hline 55 \end{array}$	$\begin{array}{r} 4 \\ \times\ 3 \\ \hline 12 \end{array}$	$\begin{array}{r} 5 \\ \times\ 1 \\ \hline 5 \end{array}$	$\begin{array}{r} 4 \\ \times\ 6 \\ \hline 24 \end{array}$
$\begin{array}{r} 11 \\ \times\ 7 \\ \hline 77 \end{array}$	$\begin{array}{r} 9 \\ \times\ 8 \\ \hline 72 \end{array}$	$\begin{array}{r} 9 \\ \times\ 9 \\ \hline 81 \end{array}$	$\begin{array}{r} 1 \\ \times\ 5 \\ \hline 5 \end{array}$	$\begin{array}{r} 11 \\ \times\ 10 \\ \hline 110 \end{array}$
$\begin{array}{r} 5 \\ \times\ 3 \\ \hline 15 \end{array}$	$\begin{array}{r} 3 \\ \times\ 8 \\ \hline 24 \end{array}$	$\begin{array}{r} 2 \\ \times\ 7 \\ \hline 14 \end{array}$	$\begin{array}{r} 3 \\ \times\ 10 \\ \hline 30 \end{array}$	$\begin{array}{r} 1 \\ \times\ 2 \\ \hline 2 \end{array}$

Multiplying Grid 2

Name: _____ Score: ___ /25 Time: _____

Complete each grid in the fastest time possible try to complete the whole thing in under 60 seconds!

6 x 12	7 x 2	7 x 8	1 x 10	5 x 12
1 x 8	1 x 1	10 x 4	3 x 1	4 x 11
3 x 3	9 x 3	6 x 10	12 x 12	8 x 6
5 x 2	2 x 11	2 x 5	7 x 12	6 x 5
11 x 12	7 x 4	8 x 2	11 x 6	11 x 11

Multiplying Grid 2

Solutions!

$$\begin{array}{r} 6 \\ \times\ 12 \\ \hline 72 \end{array} \qquad \begin{array}{r} 7 \\ \times\ 2 \\ \hline 14 \end{array} \qquad \begin{array}{r} 7 \\ \times\ 8 \\ \hline 56 \end{array} \qquad \begin{array}{r} 1 \\ \times\ 10 \\ \hline 10 \end{array} \qquad \begin{array}{r} 5 \\ \times\ 12 \\ \hline 60 \end{array}$$

$$\begin{array}{r} 1 \\ \times\ 8 \\ \hline 8 \end{array} \qquad \begin{array}{r} 1 \\ \times\ 1 \\ \hline 1 \end{array} \qquad \begin{array}{r} 10 \\ \times\ 4 \\ \hline 40 \end{array} \qquad \begin{array}{r} 3 \\ \times\ 1 \\ \hline 3 \end{array} \qquad \begin{array}{r} 4 \\ \times\ 11 \\ \hline 44 \end{array}$$

$$\begin{array}{r} 3 \\ \times\ 3 \\ \hline 9 \end{array} \qquad \begin{array}{r} 9 \\ \times\ 3 \\ \hline 27 \end{array} \qquad \begin{array}{r} 6 \\ \times\ 10 \\ \hline 60 \end{array} \qquad \begin{array}{r} 12 \\ \times\ 12 \\ \hline 144 \end{array} \qquad \begin{array}{r} 8 \\ \times\ 6 \\ \hline 48 \end{array}$$

$$\begin{array}{r} 5 \\ \times\ 2 \\ \hline 10 \end{array} \qquad \begin{array}{r} 2 \\ \times\ 11 \\ \hline 22 \end{array} \qquad \begin{array}{r} 2 \\ \times\ 5 \\ \hline 10 \end{array} \qquad \begin{array}{r} 7 \\ \times\ 12 \\ \hline 84 \end{array} \qquad \begin{array}{r} 6 \\ \times\ 5 \\ \hline 30 \end{array}$$

$$\begin{array}{r} 11 \\ \times\ 12 \\ \hline 132 \end{array} \qquad \begin{array}{r} 7 \\ \times\ 4 \\ \hline 28 \end{array} \qquad \begin{array}{r} 8 \\ \times\ 2 \\ \hline 16 \end{array} \qquad \begin{array}{r} 11 \\ \times\ 6 \\ \hline 66 \end{array} \qquad \begin{array}{r} 11 \\ \times\ 11 \\ \hline 121 \end{array}$$

Multiplying Questions 1

Name: _____ Score: _____ /25 Time: _____

Complete questions in fastest time possible

1. If you have 3 boxes of sweets, and each box has 7 sweets, how many sweets do you have in total?
2. If a pizza has 8 slices and you want to share it equally among 4 friends, how many slices will each friend get?
3. If you need 6 pencils and each pack has 5 pencils, how many packs of pencils do you need to buy?
4. If you have 10 friends and each friend gives you £2 for your birthday, how much money did you receive in total?
5. If you have 4 bags of apples and each bag has 12 apples, how many apples do you have in total?
6. If you have 8 books to read and you want to read 2 books per week, how many weeks will it take to finish reading all the books?
7. If you have 5 toy cars and each toy car costs £3, how much money do you need to buy all the toy cars?
8. If you have 2 jars of marbles and each jar has 10 marbles, how many marbles do you have in total?
9. If you have 7 days of the week and you want to do 3 chores per day, how many chores will you do in total?
10. If a bus can hold 30 passengers and there are 6 buses, how many passengers can they carry in total?

Multiplying Questions 1

Solutions!

1. 3 x 7 = 21 sweets in total
2. 8 ÷ 4 = 2 slices per friend
3. 6 ÷ 5 = 1.2, so you need to buy 2 packs of pencils
4. 10 x £2 = £20 in total
5. 4 x 12 = 48 apples in total
6. 8 ÷ 2 = 4 weeks to finish reading all the books
7. 5 x £3 = £15 to buy all the toy cars
8. 2 x 10 = 20 marbles in total
9. 7 x 3 = 21 chores in total
10. 30 x 6 = 180 passengers in total

Multiplying Questions 2

Name: _____   Score: _____ /25   Time: _____

Complete questions in fastest time possible

1. If you have 9 crayons and you want to share them equally among 3 friends, how many crayons will each friend get?

2. If a classroom has 15 students and each student has 4 pencils, how many pencils are there in total?

3. If you have 11 pieces of cake and you want to share them equally among 2 friends, how many pieces of cake will each friend get?

4. If a bike has 2 wheels and you have 10 bikes, how many wheels do you have in total?

5. If you have 3 bags of marbles and each bag has 8 marbles, how many marbles do you have in total?

6. If you have 6 friends and each friend brings 2 cookies, how many cookies do you have in total?

7. If a store sells 4 packs of gum and each pack has 6 pieces of gum, how many pieces of gum do you get if you buy all 4 packs?

8. If you have 2 pounds and you want to buy 3 pencils that cost 25 pence each, how much money will you have left over?

9. If a box of chocolates has 12 chocolates and you want to give 2 chocolates to each of your 5 friends, how many chocolates will be left in the box?

10. If a train leaves the station every 15 minutes and it takes 2 hours to reach its destination, how many trains will it take to reach the destination?

Multiplying Questions 2

Solutions!

1. 9 ÷ 3 = 3 crayons per friend

2. 15 x 4 = 60 pencils in total

3. 11 ÷ 2 = 5 with 1 leftover, so each friend gets 5 pieces of cake

4. 2 x 10 = 20 wheels in total

5. 3 x 8 = 24 marbles in total

6. 6 x 2 = 12 cookies in total

7. 4 x 6 = 24 pieces of gum in total

8. 3 x 0.25 = £0.75, so you'll have £1.25 left over

9. 2 x 5 = 10 chocolates given away, so there will be 2 chocolates left in the box

10. 2 x 60 ÷ 15 = 8 trains needed to reach the destination in 2 hours

Thanks!

If you found this book useful
we would really appreciate it if
you could leave us a review on
Amazon. It really helps us get in
front of more kids eyes!